"十四五"高等职业教育计算机类专业规划教材

计算机导论

JISUANJI DAOLUN

朱蓓芳　宋佳艳　蒋明华◎主　编
张中秋◎副主编
王向中◎主　审

U0932624

中国铁道出版社有限公司
CHINA RAILWAY PUBLISHING HOUSE CO., LTD.

内容简介

本书是按照教育部高等学校计算机基础课程教学指导委员会发布的《高等学校计算机基础教学发展战略研究报告暨计算机基础课程教学基本要求》而编写的一本计算机基础类教材，主要内容包括计算机中数据的表示和运算、计算机系统的组成及存储系统、操作系统、计算机网络技术、Web技术、程序设计基础、计算机网络安全技术、计算机领域的新技术。

本书打破了传统的以知识体系组织学习内容的方式，采用了以应用领域为主线的组织体系结构，在内容的选取上强调以技术为主，而不是以知识为主。突出了围绕技术学知识，突出了学习内容的基础性和实用性，突出了计算机领域思维能力的培养而不是计算机相关知识的学习。为了更好地辅助教师教学和学生学习，各章配有不同类型的练习题供学生练习使用。

本书适合作为高等和中等职业院校计算机相关专业的计算机基础课程的教材，也可作为非计算机类专业中计算机爱好者的入门自学用书。

图书在版编目(CIP)数据

计算机导论/朱蓓芳，宋佳艳，蒋明华主编．—北京：中国铁道出版社有限公司，2022.8（2024.5重印）
“十四五”高等职业教育计算机类专业规划教材
ISBN 978-7-113-29462-5

Ⅰ．①计…　Ⅱ．①朱…②宋…③蒋…　Ⅲ．①电子计算机-高等职业教育-教材　Ⅳ．①TP3

中国版本图书馆CIP数据核字(2022)第131184号

书　　名：**计算机导论**
作　　者：朱蓓芳　宋佳艳　蒋明华

策　　划：张围伟　　**编辑部电话**：(010) 51873135
责任编辑：汪　敏
封面设计：一克米工作室
封面制作：曾　程
责任校对：安海燕
责任印制：樊启鹏

出版发行：中国铁道出版社有限公司(100054，北京市西城区右安门西街8号)
网　　址：https://www.tdpress.com/51eds/
印　　刷：三河市宏盛印务有限公司
版　　次：2022年8月第1版　2024年5月第3次印刷
开　　本：787 mm×1 092 mm 1/16　**印张**：11.25　**字数**：226千
书　　号：ISBN 978-7-113-29462-5
定　　价：33.00元

版权所有　侵权必究

凡购买铁道版图书，如有印制质量问题，请与本社教材图书营销部联系调换。电话：(010)63550836
打击盗版举报电话：(010)63549461

前言

“计算机导论”是计算机应用及相关专业学生的入门课程，对于学生进一步学习本专业相关知识具有举足轻重的作用。本书旨在为计算机及相关专业的新生提供一个关于计算机专业知识的入门介绍，让学生对计算机的知识体系及学习方法有一个总体的了解。内容选择不求深度，但求广度，目的在于积累新生的计算机通用常识，培养计算思维，激发学生的专业兴趣和学习主动性。

全书共分为10章，主要内容安排如下：

第一章　计算机中数据的表示：介绍计算机和数据基础知识，包括计算机中的数据表示、位和字节的概念、进制系统及相互间的转换、计算机中的字符编码。

第二章　计算机中数据的运算：介绍计算机中数据运算的基本原理，包括计算机处理数据的流程、算术运算、逻辑运算等，以及计算思维的概念。

第三章　计算机系统的组成：介绍计算机硬件相关的知识，包括计算机的数据处理部分、存储部分、输入输出部分和其他外围设备（简称外设），了解影响计算机性能和设备性能的诸多因素；掌握计算机软件的基本知识。

第四章　计算机存储系统：介绍计算机中各种各样的存储设备的功能和分类。

第五章　操作系统：介绍操作系统的相关知识及文件管理的方式与技巧，包括操作系统的功能、分类、加载过程，文件管理的方法，常用DOS命令。

第六章　计算机网络技术：介绍因特网的相关知识，包括因特网的发展现状、基础设置、协议、地址、域名、连接速度，了解诸多因特网的接入方式和因特网服务。

第七章　Web技术：介绍万维网和电子商务的相关知识，包括万维网的发展历程与网页相关的基本概念，以及一些常用的万维网应用即搜索引擎。

第八章　程序设计基础：介绍编程的相关知识，包括编程语言、编程流程、编程工具和算法的基础知识。

第九章　计算机网络安全技术：介绍计算机领域诸多方面的安全问题。

第十章　计算机领域的新技术：介绍新技术领域，包括人工智能、大数据、云计算、物联网。

计算机领域的发展日新月异，因此本书在计算机专业的基本知识内容之外，对近些年发展起来的计算机新技术领域的知识进行了简单介绍，从而激发学习者对新技术的学习兴趣。

本书由朱蓓芳、宋佳艳、蒋明华老师任主编，张中秋老师任副主编，王向中老师主审。在本书的编写过程中得到了南京铁道职业技术学院智能工程学院领导的大力支持，人工智能与大数据应用系的其他老师提供了很多编写建议，在此一并表示衷心的感谢。

由于编者水平有限，加之时间仓促，难免存在疏漏之处，恳请读者不吝赐教。

编　者

2022 年 3 月

目 录

计算机中数据的表示

1.1　数制及数的表示

人们在日常生活和学习中使用的是十进制数,但在计算机中使用的是二进制数。为什么计算机中使用二进制数而不使用十进制数呢?主要原因有两个:一是二进制数只有两个数字(0 和 1),可以比较容易地用电子元器件表示,如二极管的导通和截止分别表示 0 和 1,电灯的开、关分别表示 1 和 0 等;二是二进制数的运算法则最简单,其运算器的设计和实现最为简单。

1.1.1　位置计数法和进位计数制

人们一般使用的表示数的方法是位置计数法和进位计数制。所谓位置计数法和进位计数制,就是将不同的数码置于不同的位置以表示不同的数值,相邻位置的数,当低位的数值达到一定的值时向高位进位。如在十进制数制中,分别将数码 3,2,1 置于个位、十位和百位以表示 123,读作一百二十三,低位向高位的进位规则是逢十进一。要完全理解位置计数法和进位计数制,必须搞明白其中的两个重要概念:基数和位权。

1. 位权

所谓位权,就是在位置计数法中的某一个位置所代表的数值。如在十进制数制中,个位的位权是 1,将数码 2 置于个位上其代表的数值是 2(即 2×1);十位的位权是 10,将数码 2 置于十位上其代表的数值是 20(即 2×10);其相邻位置的位权之比是 10,所以其进位法则是逢十进一。

2. 基数

所谓基数,就是该数制中所能表示的基本数码的个数。如在十进制数制中,有十个基本数码,分别为 0,1,2,3,4,5,6,7,8,9,因此,十进制数制的基数为 10。

下面分别介绍与计算机最相关的几个数制——十进制、二进制和十六进制。

1.1.2　十进制

十进制数制是人们最习惯使用的数制。其定义如下:

1. 基数

十进制数制的基数为10,包含10个基本数码,分别是0,1,2,3,4,5,6,7,8,9。

2. 位权

十进制数制的位权是10^n,$n=\cdots,-2,-1,0,1,2,3,\cdots$。如:

小数点后第m位的位权是10^{-m};

……

小数点后第二位的位权是10^{-2};

小数点后第一位的位权是10^{-1};

小数点前第一位(个位)的位权是10^0;

小数点前第二位(十位)的位权是10^1;

……

小数点前第n位的位权是10^{n-1}。

3. 计数法则

十进制数制的计数法则是逢十进一、借一当十。也就是说,当低位的数值每满10,则向其相邻的高位进一;而当低位每向高位借一,则在低位中表示10。

十进制数$(123.75)_{10}$也可表示为:

$$1\times10^2+2\times10^1+3\times10^0+7\times10^{-1}+5\times10^{-2}$$

这种表示方法称之为按位权展开式。

1.1.3 二进制

计算机中使用的数制是二进制数制。其定义如下:

1. 基数

二进制数制的基数为2,包含2个基本数码,分别是0,1。

2. 位权

二进制数制的位权是2^n,$n=\cdots,-2,-1,0,1,2,3,\cdots$。如:

小数点后第m位的位权是2^{-m};

……

小数点后第二位的位权是2^{-2};

小数点后第一位的位权是2^{-1};

小数点前第一位的位权是2^0;

小数点前第二位的位权是2^1;

……

小数点前第n位的位权是2^{n-1}。

3. 计数法则

二进制数制的计数法则是逢二进一、借一当二。也就是说,当低位的数值每满2,则向其相邻的高位进一;而当低位每向高位借一,则在低位中表示 2。

二进制数$(101.11)_2$也可表示为:

$$1\times2^2+0\times2^1+1\times2^0+1\times2^{-1}+1\times2^{-2}$$

1.1.4 十六进制

虽然计算机中的数是用二进制表示的,但直接使用二进制表示数据,不利于人的书写和阅读;而使用十进制表示数据,又与计算机的真实表示形式相差太远。为了让计算机中的数据一方面能以其真实形式呈现,另一方面又比较方便书写和阅读,因此,引入十六进制数制表示机器数。如$(255)_{10}$的机器数在书写时不是表示成$(11111111)_2$,而是表示成$(FF)_{16}$。

十六进制数制的定义如下:

1. 基数

十六进制数制的基数为 16,包含 16 个基本数码,分别是 0,1,2,3,4,5,6,7,8,9,A,B,C,D,E,F。

2. 位权

十六进制数制的位权是16^n,$n=\cdots,-2,-1,0,1,2,3,\cdots$。如:

小数点后第 m 位的位权是16^{-m};

……

小数点后第二位的位权是16^{-2};

小数点后第一位的位权是16^{-1};

小数点前第一位的位权是16^0;

小数点前第二位的位权是16^1;

……

小数点前第 n 位的位权是16^{n-1}。

3. 计数法则

十六进制数制的计数法则是逢十六进一、借一当十六。也就是说,当低位的数值每满 16,则向其相邻的高位进一;而当低位每向高位借一,则在低位中表示 16。

十六进制数$(1A3.7B)_{16}$也可表示为:

$$1\times16^2+10\times16^1+3\times16^0+7\times16^{-1}+11\times16^{-2}$$

1.1.5 m 进制

我们可以将上面介绍的数制的概念推广到任意进制——m 进制。

m 进制的定义如下:

1. 基数

m 讲制数制的基数为 m,包含 m 个基本数码,分别是 0,1,……

2. 位权

m 进制数制的位权是 $m^n, n=\cdots,-2,-1,0,1,2,3,\cdots$。如：

小数点后第 n 位的位权是 m^{-n}；

……

小数点后第二位的位权是 m^{-2}；

小数点后第一位的位权是 m^{-1}；

小数点前第一位的位权是 m^0；

小数点前第二位的位权是 m^1；

……

小数点前第 n 位的位权是 m^{n-1}。

3. 计数法则

m 进制数制的计数法则是逢 m 进一、借一当 m。也就是说，当低位的数值每满 m，则向其相邻的高位进一；而当低位每向高位借一，则在低位中表示 m。

m 进制数 $(123.75)_m (m>7)$ 也可表示为：

$$1\times m^2+2\times m^1+3\times m^0+7\times m^{-1}+5\times m^{-2}$$

注意：在多进制数制系统中，对于某一个数据，在表示时必须标明该数据所属的进制，如 $(156)_{10}$ 表示该数是十进制数，而 $(156)_{16}$ 表示该数是十六进制数。如果一个数据没有标明所属进制，如 137，则默认该数是十进制数。

课堂练习

试分别写出二十四进制的基数、基本数码集、位权和计数法则。

为了比较二进制、八进制、十进制和十六进制之间的关系，表 1-1 给出了这四种进制之间的对应关系。

表 1-1　二进制、八进制、十进制和十六进制的对应关系

二进制	十进制	十六进制	八进制
0000	0	0	0
0001	1	1	1
0010	2	2	2
0011	3	3	3
0100	4	4	4
0101	5	5	5
0110	6	6	6
0111	7	7	7
1000	8	8	10
1001	9	9	11

续表

二进制	十进制	十六进制	八进制
1010	10	A	12
1011	11	B	13
1100	12	C	14
1101	13	D	15
1110	14	E	16
1111	15	F	17

1.2　不同进制之间的互换

不同数制之间相互转换的理论依据是:如果两个有理数相等,那么这两个有理数的整数部分和小数部分一定分别相等。

1.2.1　二进制和十进制之间的互换

1. 十进制转换为二进制

将十进制数转换为二进制数时,由于整数部分和小数部分的转换规则不同,因此,需要分成整数和小数两个部分分别进行。

1)十进制整数转换为二进制整数

十进制整数转换为二进制整数的规则是除 2 取余法。其具体步骤为:

(1)将原十进制数作为被除数,然后除以 2,得商和余数。

(2)将上一步的商作为被除数,然后继续除以 2,得商和余数。

(3)不断重复第(2)步,直到商为 0 为止,所得余数的序列即为该十进制数对应的二进制数。

例 1.1　将十进制数 168 转换为二进制数。

除数	被除数		余数	
2)	168			
2)	84	…………………………	0	↑
2)	42	…………………………	0	
2)	21	…………………………	0	
2)	10	…………………………	1	
2)	5	…………………………	0	
2)	2	…………………………	1	
2)	1	…………………………	0	
	0	…………………………	1	商为 0,则结束

即：$(168)_{10}=(1010\ 1000)_2$

注意：所得余数序列的读数顺序是从下往上。其原因是除 2 次数越多，对应的余数所在的数位的位权越高，该数位应是高位。

2. 十进制纯小数转换为二进制纯小数

十进制纯小数转换为二进制纯小数的规则是乘 2 取整法。其具体步骤为：

(1)将原十进制数作为被乘数，然后乘以 2，得到积，将积分成两个部分：整数部分和纯小数部分。

(2)将上一步的积的纯小数部分作为被乘数，然后继续乘以 2，得到积，将积分成两个部分：整数部分和纯小数部分。

(3)不断重复第(2)步，直到积的纯小数部分为 0 或满足精度要求为止，所得积的整数部分的序列即为该十进制数对应的二进制数。

例 1.2 将十进制数 0.6875 转换为二进制数。

```
                                              积的整数部分
   0.6875
×       2
─────────
   1.3750   ……………………………………      1
   0.3750
×       2
─────────
   0.7500   ……………………………………      0
   0.7500
×       2   ……………………………………      1
─────────
   1.5000
   0.5000
×       2
─────────
   1.0000   ……………………………………      1
   0.0000   ……………………………………   积的小数部分为 0，则结束
```

即：$(0.6875)_{10}=(0.1011)_2$

3. 二进制转换为十进制

将二进制数转换为十进制数时，由于整数部分和小数部分的转换规则相同，因此，不需要分成整数和小数两个部分分别进行，可以同时进行。

二进制数转换为十进制数的规则是将该二进制数按位权展开式展开，然后将各位的数码和位权均用十进制表示，最后通过十进制运算所得的和，即为该二进制数对应的十进制数。

例 1.3 将二进制数 11010.1101 转换为十进制数。

将二进制数 11010.1101 按位权展开式展开得：

$$1\times2^4+1\times2^3+0\times2^2+1\times2^1+0\times2^0+1\times2^{-1}+1\times2^{-2}+0\times2^{-3}+1\times2^{-4}$$

$$=1\times16+1\times8+0\times4+1\times2+0\times1+1\times0.5+1\times0.25+0\times0.125+1\times0.0625$$

$$=16+8+2+0.5+0.25+0.0625$$

$=26.8125$

所以$(11010.1101)_2=(26.8125)_{10}$

课堂练习

试将二进制数 11011011.1011 转换为十进制数。

1.2.2　十六进制和十进制之间的互换

十六进制和十进制之间的互换方法与二进制和十进制之间的互换方法相同。

1. 十进制转换为十六进制

将十进制数转换为十六进制数时，同样由于整数部分和小数部分的转换规则不同，因此，需要分成整数和小数两个部分分别进行。

1）十进制整数转换为十六进制整数

十进制整数转换为十六进制整数的规则是除 16 取余法。其具体步骤为：

（1）将原十进制数作为被除数，然后除以 16，得商和余数。

（2）将上一步的商作为被除数，然后继续除以 16，得商和余数。

（3）不断重复第（2）步，直到商为 0 为止，所得余数的序列即为该十进制数对应的十六进制数。

例 1.4　将十进制数 168 转换为十六进制数。

除数	被除数		余数	
16）	168			
16）	10	································	8	↑ 商为 0，则结束
	0	································	10	

即：$(168)_{10}=(\mathrm{A8})_{16}$

2）十进制纯小数转换为十六进制纯小数

十进制纯小数转换为十六进制纯小数的规则是乘 16 取整法。其具体步骤为：

（1）将原十进制数作为被乘数，然后乘以 16，得到积，将积分成两个部分：整数部分和纯小数部分。

（2）将上一步的积的纯小数部分作为被乘数，然后继续乘以 16，得到积，将积分成两个部分：整数部分和纯小数部分。

（3）不断重复第（2）步，直到积的纯小数部分为 0 或满足精度要求为止，所得积的整数部分的序列即为该十进制数对应的十六进制数。

例 1.5　将十进制数 0.34375 转换为十六进制数。

		积的整数部分
0.34375		
× 16		
5.50000	································	5

$$
\begin{array}{r}
0.50000 \\
\times \quad\quad 16 \\
\hline
8.0000
\end{array}
\quad \cdots\cdots\cdots\cdots \quad 8
$$

积的小数部分为0,则结束

即:$(0.34375)_{10}=(0.58)_{16}$

课堂练习

试将十进制数146.65转换为十六进制数,保留小数位数2位。

2. 十六进制转换为十进制

将十六进制数转换为十进制数时,同样由于整数部分和小数部分的转换规则相同,因此,不需要分成整数和小数两个部分分别进行,可以同时进行。

十六进制数转换为十进制数的规则是将该十六进制数按位权展开式展开,然后将各位的数码和位权均用十进制表示,最后通过十进制运算所得的和,即为该十六进制数对应的十进制数。

例1.6 将十六进制数1B7.A8转换为十进制数。

将十六进制数1B7.A8按位权展开式展开得:

$$
\begin{aligned}
& 1\times16^2+B\times16^1+7\times16^0+A\times16^{-1}+8\times16^{-2} \\
= & 1\times16^2+11\times16^1+7\times16^0+10\times16^{-1}+8\times16^{-2} \\
= & 1\times256+11\times16+7\times1+10/16+8/256 \\
= & 256+176+7+0.625+0.03125 \\
= & 439.65625
\end{aligned}
$$

所以$(1B7.A8)_{16}=(439.65625)_{10}$

课堂练习

试将十六进制数3C.A4转换为十进制数。

1.2.3 *n*进制和十进制之间的互换

以上介绍了二进制和十进制之间的互换以及十六进制和十进制之间的互换,我们可以将其转换方法推广,实现n进制和十进制之间的互换。

1. 十进制转换为n进制

1)十进制整数转换为n进制整数

十进制整数转换为n进制整数的规则是除基(即n)取余法。其具体步骤为:

(1)将原十进制数作为被除数,然后除以基数(即n),得商和余数。

(2)将上一步的商作为被除数,然后继续除以基数(即n),得商和余数。

(3)不断重复第(2)步,直到商为0为止,所得余数的序列即为该十进制数对应的n

进制数。

例 1.7　将十进制数 168 转换为十二进制数。

除数	被除数		余数	
12)	168			
12)	14	…………………………	0	
12)	1	…………………………	2	
	0	…………………………	1	商为0,则结束

即:$(168)_{10}=(120)_{12}$

2)十进制纯小数转换为 n 进制纯小数

十进制纯小数转换为 n 进制纯小数的规则是乘基(即 n)取整法。其具体步骤为:

(1)将原十进制数作为被乘数,然后乘以基数(即 n),得到积,将积分成两个部分:整数部分和纯小数部分。

(2)将上一步的积的纯小数部分作为被乘数,然后继续乘以基数(即 n),得到积,将积分成两个部分:整数部分和纯小数部分。

(3)不断重复第(2)步,直到积的纯小数部分为 0 或满足精度要求为止,所得积的整数部分的序列即为该十进制数对应的 n 进制数。

例 1.8　将十进制数 0.3475 转换为七进制数,小数点后最多保留 4 位。

计算		积的整数部分
0.3475 × 7 = 2.4325	…………………………	2
0.4325 × 7 = 3.0275	…………………………	3
0.0275 × 7 = 0.1925	…………………………	0
0.1925 × 7 = 1.3475	…………………………	1
		满足精度要求,则结束

即:$(0.3475)_{10}=(0.2301)_7$

课堂练习

试将十进制数 146.65 转换为八进制数,保留小数位数 3 位。

2. n 进制转换为十进制

n 进制数转换为十进制数的规则是将该 n 进制数按位权展开式展开,然后将各位的

数码和位权均用十进制表示，最后通过十进制运算所得的和，即为该 n 进制数对应的十进制数。

例 1.9 将二十进制数 17. A8 转换为十进制数。

将二十进制数 17. A8 按位权展开式展开得：

$$1\times20^1+7\times20^0+A\times20^{-1}+8\times20^{-2}$$

$$=1\times20^1+7\times20^0+10\times20^{-1}+8\times20^{-2}$$

$$=1\times20+7\times1+10/20+8/400$$

$$=20+7+0.5+0.02$$

$$=27.52$$

所以 $(17.A8)_{20}=(27.52)_{10}$

课堂练习

试将八进制数 146.65 转换为十进制数。

1.2.4 二进制和十六进制之间的互换

二进制转换成十六进制的方法和十六进制转换成二进制的方法是不相同的，下面将分别予以介绍。

1. 二进制转换为十六进制

由于二进制数制的基数是 2，十六进制数制的基数是 16，而 $2^4=16$，因此，二进制和十六进制之间存在着如下的关系：一位十六进制等价于四位二进制。

将二进制数转换为十六进制数的规则是将二进制数以每四位为一组，分成若干组。其具体步骤为：

(1) 以小数点为界，整数部分从低位向高位每四位分成一组，如果最后一组不足四位则在最高位前补 0。

(2) 小数部分从高位向低位每四位分成一组，如果最后一组不足四位则在最低位后补 0。

(3) 将每一组的二进制数转换成十六进制数。

例 1.10 将二进制数 1101101. 101101 转换为十六进制数。

(1) 将二进制数以每四位为一组，分成若干组。

最高位前后补一个 0→ **0**110 1101 . 1011 01**00** ←最低位后补两个 0

↓ ↓ ↓ ↓

6 D B 4

(2) 将每一组二进制数转换成十六进制数。

即：$(1101101.101101)_2=(6D.B4)_{16}$

课堂练习

试将二进制数 1011011011.101011 转换为十六进制数。

2. 十六进制转换为二进制

将十六进制数转换为二进制数的规则是将每位十六进制数表示成二进制数，然后将转换成的二进制数的最高位前面的 0 和最低位后面的 0 删除，即为该十六进制数对应的二进制数。

例 1.11 将十六进制数 17C.86 转换为二进制数。

(1)将每位十六进制数表示成二进制数。

$$\begin{array}{ccccc} 1 & 7 & C & . & 8 & 6 \\ \downarrow & \downarrow & \downarrow & & \downarrow & \downarrow \\ \underline{0001} & \underline{0111} & \underline{1100} & . & \underline{1000} & \underline{0110} \end{array}$$

(2)将转换成的二进制数的最高位前面的 0 和最低位后面的 0 删除。

$$1\ 0111\ 1100.1000\ 011$$

即：$(17C.86)_{16} = (1\ 0111\ 1100.1000\ 011)_2$

1.2.5 *n* 进制和 *m* 进制之间的互换

将上述所介绍的方法进行推广可知：当 n 进制转换成 m 进制时，可以根据 n 进制和 m 进制之间的基数 n 和 m 之间的关系的不同，使用不同的方法进行，下面将分别予以介绍。

1. 通过十进制进行

将 n 进制数转换为 m 进制数的具体步骤为：

(1)将 n 进制数转换为十进制数。

(2)将该十进制数转换为 m 进制数。

例 1.12 将六进制数 135.42 转换为十四进制数，小数位数保留 2 位。

(1)将六进制数 135.42 转换为十进制数。

将六进制数 135.42 按位权展开式展开得：

$$1\times6^2+3\times6^1+5\times6^0+4\times6^{-1}+2\times6^{-2}$$
$$=1\times36+3\times6+5\times1+4/6+2/36$$
$$=36+18+5+0.667+0.056$$
$$=59.723=59.72\text{(小数位数保留 2 位)}$$

所以$(135.42)_6=(59.72)_{10}$

(2)将十进制数 59.72 转换为十四进制数。

当将十进制数 59.72 转换为十四进制数时，根据转换规则应将其分成整数部分和小数部分分别进行转换。

①十进制整数59转换为十四进制整数

除数　　被除数　　　　　　　　　　余数

14) 59

14) 4 ………………………… 3 ↑

0 ………………………… 4 商为0,则结束

即:$(59)_{10}=(43)_{14}$

②十进制纯小数0.72转换为十四进制纯小数

积的整数部分

0.72

× 14

10.08 ………………………… 10

0.08

× 14

1.12 ………………………… 1

小数位数保留2位,满足精度要求,则结束

即:$(0.72)_{10}=(0.\mathrm{A1})_{14}$

因此$(59.72)_{10}=(43.\mathrm{A1})_{14}$

综上所述得$(135.42)_6=(43.\mathrm{A1})_{14}$

2. 基数 *n* 和 *m* 存在特殊关系

将 n 进制数转换为 m 进制数时,如果基数 n 和 m 存在如下的特殊关系:

$$n^k=m(\text{或 } m^k=n)$$

那么每位 m 进制数等价于 k 位 n 进制数(或者每位 n 进制数等价于 k 位 m 进制数),这时,将 n 进制数转换为 m 进制数的方法就与将二进制数转换成十六进制数的方法相同。

例1.13　将三进制数12212101.201转换为九进制数。

由于$3^2=9$,因此每位九进制数等价于2位三进制数。

(1)将三进制数以每两位为一组,分成若干组。

12 21 21 01 . 20 10←最低位后补一个0

↓ ↓ ↓ ↓ 　↓ ↓

5 7 7 1 . 6 3

(2)将每一组三进制数转换成九进制数。

即:$(12212101.201)_3=(5771.63)_9$

例1.14　将九进制数178.64转换为三进制数。

(1)将每位九进制数表示成两位三进制数。

1 7 8 . 6 4

↓ ↓ ↓ 　↓ ↓

01 21 22 . 20 11

(2)将转换成的三进制数的最高位前面的0和最低位后面的0删除。

1 21 22.20 11

即：$(178.64)_9=(1\ 21\ 22.20\ 11)_3$

课堂练习

(1)试将十四进制数7D1.52转换为八进制数。

(2)试将四进制数32021.12013转换为十六进制数。

1.3 计算机中数的表示

我们已经了解在计算机中所有的信息都是用二进制表示的。计算机中的信息分为两大类,即控制信息和数据信息。控制信息是用于指挥计算机如何操作的,主要是指令;数据信息是计算机处理的对象,数据信息又包括数值数据和非数值数据,我们先充分讨论数值数据的计算机表示问题,并在此基础上详细分析机器级的各种数值计算。尽管计算机提供的运算比较多,但可以将其大体分为五大类,即算术运算、关系运算、逻辑运算、移位运算和位运算。每种计算将分别予以介绍。

1.3.1 计算机中数值数据的表示

从数值数据的表示形式上分析,要表示一个数值数据包括五个方面:一是符号的表示,二是数制的表示,三是小数点的表示,四是整数部分的表示,五是小数部分的表示。

计算机为了能够表示数值数据也必须考虑以上五个方面的表示。第一,计算机中使用的是二进制数制,这是固定不变的;第二,计算机中用0表示"+",用1表示"-",并且将符号位置于最高数值位之前,这是计算机中对数值数据的符号处理;第三,计算机中采用固定小数点位置的方法表示小数点,也就是说,在计算机中小数点的表示采用的是隐含表示方法,而不是显式表示方法;第四,对于整数部分和小数部分的表示,在计算机中采用仅表示整数或小数的形式,而不采用同时表示整数部分和小数部分的形式。

因此,在计算机中根据数的表示形式,数值数据分为无符号数和带符号数。

(1)无符号数就是指没有符号位的数,即在计算机中不需要表示符号位,而只需要表示数值位。在计算机中,无符号数一般用于表示存储单元地址。

(2)带符号数又分为定点数和浮点数两大类。

1. 计算机中定点数的表示

所谓定点数,就是指小数点位置固定不变的数。定点数分为定点整数和定点小数两大类。

定点整数就是所表示的数只有整数部分,而没有小数部分。这时,小数点位置固定在最低数值位之后,其表示格式为:

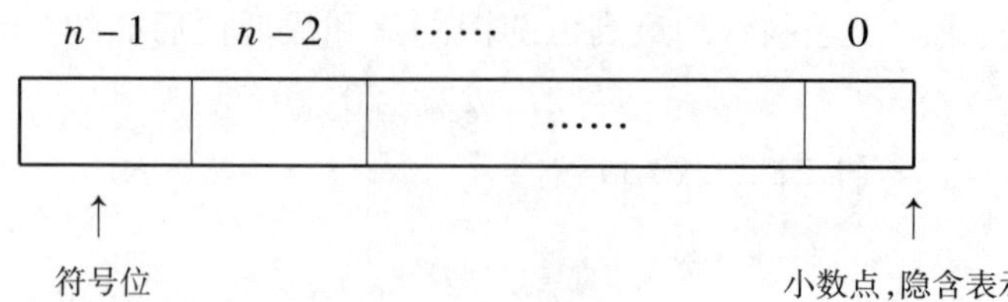

定点小数就是所表示的数只有小数部分,而没有整数部分。这时,小数点位置固定在符号位之后最高数值位之前,其表示格式为:

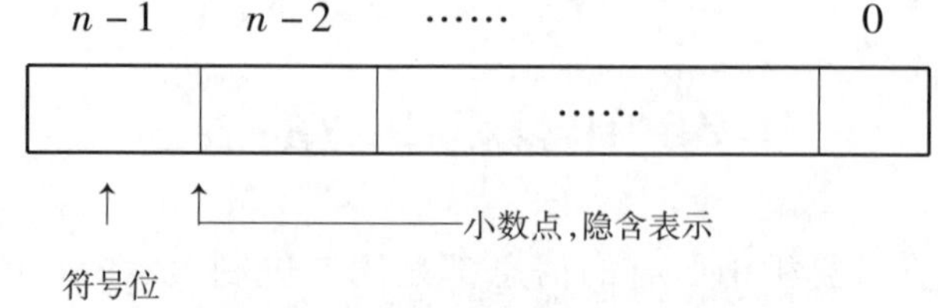

1)机器数和真值

真值就是用"+""-"表示符号的数的表示形式,真值可以用任何进制表示,但一般用二进制和十进制的形式表示。

机器数就是指在计算机中数的表示形式。在计算机中只存在机器数,而不存在真值。机器数在计算机中只有二进制表示形式,但为了便于书写和阅读,在书写机器数时,除了用二进制表示外,更多的是用十六进制的表示形式。

对于无符号机器数而言,没有码制的问题,只有一种表示形式,那就是直接将其值用二进制表示,在计算机中一般用于表示存储单元地址。

如(用8位二进制表示机器数):

真值:126

机器数:0111 1110B (用二进制表示),或7EH (用十六进制表示)。

如果用8位二进制表示机器数,则其表示的真值的范围为$0 \sim 2^8-1$,即$0 \sim 255$。如果用n位二进制表示机器数,则其表示的真值的范围为$0 \sim 2^n-1$。

机器数的特点:

(1)机器数是用二进制表示的。

(2)机器数所表示的数值范围是有限的,当无法表示时,便产生溢出。

例如用n位二进制表示的无符号整数的机器数的表示范围为$0 \sim 2^n-1$,如果由于要表示的数太小,以至于无法表示,这时将产生溢出,这种溢出称为下溢。当计算机的运算出现下溢时,一般计算机自动将其处理为机器零;如果由于要表示的数太大,以至于无法表示,这时将产生溢出,这种溢出称为上溢。当计算机的运算出现上溢时,计算机将无法处理,这时,计算机将报错。

(3)机器数的符号是数码化的,即用"0"表示正数,用"1"表示负数。

对于带符号机器数而言,在计算机中有三种表示形式,即原码、反码和补码。下面将分别介绍。

2)原码表示法

原码是最简单的机器数表示法，用最高位表示符号位，其他位存放该数的二进制的绝对值。

(1)定点整数的原码表示法。

定点整数的原码定义如下：

$$[X]_{原}=\begin{cases}X & X\geqslant 0\\ 2^{n-1}-X & X\leqslant 0\end{cases}$$

其中，n 为包括符号位在内的机器数的二进制位数。

例 1.15 假设 $n=8$，$X=+1010\text{B}$，$Y=-1010\text{B}$，分别求 X，Y 的原码。

由于 $X\geqslant 0$，则有：

$$[X]_{原}=X=0000\ 1010\text{B}$$

由于 $Y\leqslant 0$，则有：

$$[Y]_{原}=2^{n-1}-Y=2^7-Y=1000\ 0000\text{B}-(-1010\text{B})=1000\ 1010\text{B}$$

分析：由本例可以发现，不论一个数是正数还是负数，该数原码表示的数值位与其真值表示相同，因此，一般我们在计算一个数的原码时，并不直接通过定义来计算，而是先将该数表示成二进制形式，然后再加上其符号位。

例 1.16 假设 $n=8$，$X=+113$，$Y=-89$，分别求 X、Y 的原码。

①将 X、Y 表示成二进制形式。

$$X=+111\ 0001\text{B},\ Y=-101\ 1001\text{B}$$

②加上其符号位得 X，Y 的原码。

$$[X]_{原}=0111\ 0001\text{B},\ [Y]_{原}=1101\ 1001\text{B}$$

根据原码的定义可知，原码具有如下特征：

①真值 0 的原码表示有两种形式，即 +0 和 −0。

根据原码的定义，

由于 $+0\geqslant 0$，则有：

$$[+0]_{原}=+0=0000\cdots00\text{B}(n\ 个\ 0)$$

由于 $-0\leqslant 0$，则有：

$$[-0]_{原}=2^{n-1}-(-0)=2^{n-1}+0=2^{n-1}=1000\cdots00\text{B}(n-1\ 个\ 0)$$

②定点整数原码的表示范围为 $-(2^{n-1}-1)\sim+(2^{n-1}-1)$，即 $1111\cdots11\text{B}(n\ 个\ 1)\sim 0111\cdots11\text{B}(n-1\ 个\ 1)$。

(2)定点小数的原码表示法。

定点小数的原码定义如下：

$$[X]_{原}=\begin{cases}X & X\geqslant 0\\ 1-X & X\leqslant 0\end{cases}$$

例 1.17 假设 $n=8$，$X=+0.1011\text{B}$，$Y=-0.1011\text{B}$，分别求 X，Y 的原码。

由于 $X \geqslant 0$,则有:

$$[X]_{原} = X = 0101\ 1000B$$

由于 $Y \leqslant 0$,则有:

$$[Y]_{原} = 1 - Y = 1.000\ 0000B - (-0.1011B) = 1101\ 1000B$$

分析:由本例可以发现,定点小数的原码表示与定点整数的原码表示具有相同的特点,因此,一般我们在计算一个定点小数的原码时,也可以先将该数表示成二进制形式,然后再加上其符号位,所不同的是,如果数值位不足 $n-1$ 位,定点整数是在符号位之后最高数值位之前补0,而定点小数是在最低数值位之后补0。

例 1.18 假设 $n=8, X=+0.75, Y=-0.625$,分别求 X, Y 的原码。

①将 X、Y 表示成二进制形式。

$$X = +0.11B, Y = -0.1010B$$

②加上其符号位得 X、Y 的原码。

$$[X]_{原} = 0110\ 0000B, [Y]_{原} = 1101\ 0000B$$

根据定点小数的原码定义可知,定点小数的原码表示范围为$(-1,1)$。

3)反码表示法

原码的问题在于一个数加上它的相反数不等于0。反码是在原码的基础上加以改进,正数时反码和原码一样,负数时原码符号位不变,其余位按位取反。

(1)定点整数的反码表示法。

定点整数的反码定义如下:

$$[X]_{反} = \begin{cases} X & X \geqslant 0 \\ (2^n - 1) + X & X \leqslant 0 \end{cases}$$

其中,n 为包括符号位在内的机器数的二进制位数。

例 1.19 假设 $n=8, X=+1010B, Y=-1010B$,分别求 X, Y 的反码。

由于 $X \geqslant 0$,则有:

$$[X]_{反} = X = 0000\ 1010B$$

由于 $Y \leqslant 0$,则有:

$$[Y]_{反} = (2^n - 1) + Y = (2^8 - 1) + Y = 1111\ 1111B + (-1010B) = 1111\ 0101B$$

一般我们在计算一个定点整数的反码时,也不是直接通过定义来计算,而是先将该数表示成原码形式,然后再将其原码转换成反码。

将原码转换成反码的规则为:如果该数是正数,则其反码与原码相同;如果该数是负数,则其方法是符号位不变,数值位求反。

例 1.20 假设 $n=8, X=+1010B, Y=-1010B$,分别求 X, Y 的反码。

$$[X]_{原} = 0000\ 1010B \qquad [Y]_{原} = 1000\ 1010B$$

由于 $X \geqslant 0$,则有:

$$[X]_{反} = [X]_{原} = 0000\ 1010B$$

由于 $Y \leqslant 0$，则有：

$$[Y]_{反} = 1111\ 0101B$$

将反码转换成原码的规则为：如果该数是正数，则其原码与反码相同；如果该数是负数，则其方法是符号位不变，数值位求反。

例 1.21 已知 $[X]_{反} = 0011\ 1010B$，$[Y]_{反} = 1101\ 1010B$，分别求 X,Y 的原码和真值。

由 $[X]_{反} = 0011\ 1010B$ 可知 $X \geqslant 0$，则有：

$$[X]_{原} = [X]_{反} = 0011\ 1010B$$

$$X = 11\ 1010B = 58D$$

由 $[Y]_{反} = 1101\ 1010B$ 可知 $Y \leqslant 0$，则有：

$$[Y]_{原} = 1010\ 0101B$$

$$X = -10\ 0101B = -37D$$

根据反码的定义可知，反码具有如下特征：

①真值 0 的反码表示也有两种形式，即 +0 和 −0。

根据反码的定义，

由于 $+0 \geqslant 0$，则有：

$$[+0]_{反} = +0 = 0000\cdots00B(n \text{ 个 } 0)$$

由于 $-0 \leqslant 0$，则有：

$$[-0]_{反} = (2^n - 1) + (-0) = (2^n - 1) - 0 = (2^n - 1) = 1111\cdots11B(n \text{ 个 } 1)$$

②定点整数反码的表示范围为 $-(2^{n-1}-1) \sim +(2^{n-1}-1)$，即 $1000\cdots00B$（$n-1$ 个 0）$\sim 0111\cdots11B$（$n-1$ 个 1）。

（2）定点小数的反码表示法。

定点小数的反码定义如下：

$$[X]_{反} = \begin{cases} X & X \geqslant 0 \\ (2 - 2^{-n+1}) + X & X \leqslant 0 \end{cases}$$

例 1.22 假设 $n = 8$，$X = +0.1011B$，$Y = -0.1011B$，分别求 X,Y 的反码。

由于 $X \geqslant 0$，则有：

$$[X]_{反} = X = 0101\ 1000B$$

由于 $Y \leqslant 0$，则有：

$$[Y]_{反} = (2 - 2^{-n+1}) + Y = (2 - 2^{-7}) + Y = (10.000\ 0000 - 0.000\ 0001) + (-0.1011)$$
$$= 1.111\ 1111B - 0.1011B = 1.010\ 0111B$$

同样，一般我们在计算一个定点小数的反码时，也不是直接通过定义来计算，而是先将该数表示成原码形式，然后再将其原码转换成反码。

将原码转换成反码的规则为：如果该数是正数，则其反码与原码相同；如果该数是负数，则其方法是符号位不变，数值位求反。

例 1.23 假设 $n = 8$，$X = +0.1011B$，$Y = -0.1011B$，分别求 X,Y 的反码。

$$[X]_{原}=0101\ 1000B \qquad [Y]_{原}=1101\ 1000B$$

由于 $X \geqslant 0$,则有:

$$[X]_{反}=[X]_{原}=0101\ 1000B$$

由于 $Y \leqslant 0$,则有:

$$[Y]_{反}=1010\ 0111B$$

将反码转换成原码的规则为:如果该数是正数,则其原码与反码相同;如果该数是负数,则其方法是符号位不变,数值位求反。

例 1.24 已知 $[X]_{反}=0011\ 1010B$,$[Y]_{反}=1101\ 1010B$,分别求 X,Y 的原码和真值。

由 $[X]_{反}=0011\ 1010B$ 可知 $X \geqslant 0$,则有:

$$[X]_{原}=[X]_{反}=0011\ 1010B$$

$$X=0.011\ 1010B=0.453125D$$

由 $[Y]_{反}=1101\ 1010B$ 可知 $Y \leqslant 0$,则有:

$$[Y]_{原}=1010\ 0101B$$

$$X=-0.010\ 0101B=-0.2890625D$$

根据定点小数的反码定义可知,定点小数的反码表示范围为(-1,1)。

4)补码表示法

(1)补数与补码。

如果对于两个正数 a,b,用某一个正整数 M 去除,所得余数相同,则称 a,b 对于模数 M 是同余的,其中的 M 称为模。

当 a,b 对于模数 M 同余时,则称 a,b 在以 M 为模时是等价的,记为:

$$a=b \qquad (\text{mod}\ M)$$

或称 a,b 对于模数 M 互为补数。

我们可以用日常生活中时钟的概念来说明补数的概念。对于时钟而言,模数 $M=12$。假定现在时间是 7 点钟,而你的手表却是 9 点钟,这时,如何调整你手表的时间呢?我们知道有两种方法:一是逆时针拨动 2 个小时,即 $9-2=7$;二是顺时针拨动10 个小时,即 $9+10=19=7(\text{mod}\ 12)$。为什么两种方法的效果相同呢?因为 -2 和 10 对于模数 $M=12$ 而言是同余的,即余数均为 10。-2 和 10 也称之为对于模数 12 互为补数。

通过这个例子我们可以知道:

$$a-b=a+(-b)=a+c$$

其中,a、$b \geqslant 0$,c 是 $-b$ 对于模数 M 的补数。

因此,通过补数的概念可以将两个数的减法转换为两个数的加法,这就是计算机中为什么只设置加法器,而不设置减法器的数学理论依据。

综上所述,可以得到下述结论:

①一个正数的补数即为该正数本身。

②一个负数的补数等于该负数加上模数。

所以补码的设计目的是:

①使符号位能与有效值部分一起参加运算,从而简化运算规则。

②使减法运算转换为加法运算,进一步简化计算机中运算器的线路设计。

问题出现在(+0)和(-0)上,在人们的计算概念中零是没有正负之分的。

于是就引入了补码概念。负数的补码就是对反码加1,而正数不变,正数的原码反码补码是一样的。在补码中用(-128)代替了(-0),所以补码的表示范围为:(-128~0~127),共256个。

所有这些转换都是在计算机的最底层进行的,而在我们使用的汇编语言、C语言等其他高级语言中使用的都是原码。

(2)定点整数的补码表示法。

正数的补码与其原码相同,负数的补码为其反码在最低位加1。

一个数的补码表示,其本质上就是该数的补数在计算机中的表示。

定点整数的补码定义如下:

$$[X]_{补}=\begin{cases}X & X\geqslant 0\\ 2^n+X & X\leqslant 0\end{cases}$$

其中,n为包括符号位在内的机器数的二进制位数。

例1.25 假设$n-8$,$X=+1010B$,$Y=-1010B$,分别求X,Y的补码。

由于$X\geqslant 0$,则有:

$$[X]_{补}=X=0000\ 1010B$$

由于$Y\leqslant 0$,则有:

$$[Y]_{补}=2^n+Y=2^8+Y=1\ 0000\ 0000B+(-1010B)=1111\ 0110B$$

同样,一般我们在计算一个定点整数的补码时,也不是直接通过定义来计算,而是先将该数表示成原码(或反码)形式,然后再将其原码(或反码)转换成补码。

将原码转换成补码的规则为:如果该数是正数,则其补码与原码相同;如果该数是负数,则其方法是符号位不变,数值位求反加1。

例1.26 假设$n=8$,$X=+1010B$,$Y=-1010B$,分别求X,Y的补码。

$$[X]_{原}=0000\ 1010B\qquad [Y]_{原}=1000\ 1010B$$

由于$X\geqslant 0$,则有:

$$[X]_{补}=[X]_{原}=0000\ 1010B$$

由于$Y\leqslant 0$,则有:

$$[Y]_{补}=1111\ 0110B$$

将补码转换成原码的规则与将原码转换为补码的规则相同。

课堂练习

已知$[X]_{补}=0011\ 1010B$,$[Y]_{补}=1101\ 1010B$,分别求X、Y的原码。

将反码转换成补码的规则为：如果该数是正数，则其补码与反原码相同；如果该数是负数，则其方法是反码加 1。

例 1.27 已知$[X]_{反}=0101\ 1011B$，$[Y]_{反}=1101\ 1101B$，分别求 X，Y 的补码。

由$[X]_{反}=0101\ 1011B$ 可知 $X\geqslant 0$，则有：

$$[X]_{补}=[X]_{反}=0101\ 1011B$$

由$[Y]_{反}=1101\ 1101B$ 可知 $Y\leqslant 0$，则有：

$$[Y]_{补}=[Y]_{反}+1=1101\ 1101+1=1101\ 1110B$$

将补码转换成反码的规则为：如果该数是正数，则其反码与补码相同；如果该数是负数，则其方法是补码减 1。

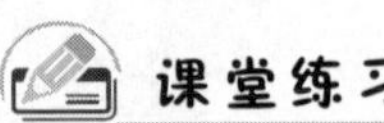

课堂练习

已知$[X]_{补}=0011\ 1010B$，$[Y]_{补}=1101\ 1010B$，分别求 X，Y 的反码。

根据补码的定义可知，补码具有如下特征：

①真值 0 的补码表示是唯一的，即 +0 和 −0 的补码相同。

根据补码的定义，

由于 $+0\geqslant 0$，则有：

$$[+0]_{补}=+0=0000\cdots00B(n\text{ 个 }0)$$

由于 $-0\leqslant 0$，则有：

$$[-0]_{补}=2^n+(-0)=2^n-0=2^n=10000\cdots00B(n\text{ 个 }0)=0000\cdots00B(n\text{ 个 }0)$$

②定点整数补码的表示范围为 $-2^{n-1}\sim+(2^{n-1}-1)$，即 $1000\cdots00B(n-1\text{ 个 }0)\sim 0111\cdots11B(n-1\text{ 个 }1)$。

(3)定点小数的补码表示法。

定点小数的补码定义如下：

$$[X]_{补}=\begin{cases}X & X\geqslant 0\\ 2+X & X\leqslant 0\end{cases}$$

例 1.28 假设 $n=8$，$X=+0.1010B$，$Y=-0.1010B$，分别求 X，Y 的补码。

由于 $X\geqslant 0$，则有：

$$[X]_{补}=X=0101\ 0000B$$

由于 $Y\leqslant 0$，则有：

$$[Y]_{补}=2+Y=1\ 0.000\ 0000B+(-0.1010B)=1011\ 0000B$$

同样，一般我们在计算一个定点小数的补码时，也不是直接通过定义来计算，而是先将该数表示成原码（或反码）形式，然后再将其原码（或反码）转换成补码。

对于定点小数而言，原码与补码之间的互换、反码与补码之间的互换，其规则均与定点整数相同，在此不再重复。

课堂练习

写出下列各数的原码、反码和补码表示，假设机器数的位数为 $n=8$。

(1)93　　　　(2) −75

(3)0. 10101B　　　　(4) −0. 11011B

2. 计算机中浮点数的表示

所谓浮点数，是相对于定点数而言的，定点数是小数点位置固定不变的，而浮点数是指其小数点位置可以浮动，并且是随着阶码的改变而改变的。浮点数其本质上就是科学计数法。

在中学数学里我们学习了十进制数的科学计数法，其表示形式为：

$$f = M \times 10^{E}$$

如果我们将科学计数法推广到任意进制（R 进制），则表示形式为：

$$f = M \times R^{E}$$

由此可见，如果要表示一个科学计数法需要表示出三个方面的内容：一是尾数 M，二是基数 R，三是指数 E。

由于计算机中采用的数制是二进制数，是固定不变的，基数 2 的表示可以采用隐含表示法，而不必显式表示出。因此，一个浮点数的表示分为阶码和尾数两个部分。

1)阶码的表示

在浮点数中，阶码是采用定点整数表示的，其表示格式为：

S_e	E

其中，S_e 为阶码的符号位，用一位二进制表示；E 为阶码的数值位，用($m-1$)位二进制表示，阶码共 m 位。

阶码可以采用原码、反码、补码和移码表示，但大多数计算机的阶码采用移码表示。

2)尾数的表示

在浮点数中，尾数是采用定点小数表示的，其表示格式为：

S_M	M

其中，S_M 为尾数的符号位，用一位二进制表示；M 为尾数的数值位，用($n-1$)位二进制表示，尾数共 n 位。

尾数可以采用原码、反码和补码表示，但大多数计算机的尾数采用补码表示，并且为了防止浮点数运算时的假溢出问题，尾数的符号位一般采用双符号位表示（或称模 4 表示），即用 00 表示“+”，用 11 表示“−”。

3)浮点数的规格化表示

为了更有效利用浮点数的尾数的有效位数，提高浮点数表示的数的精度，通常浮点

数采用规格化的表示方法。

所谓浮点数的规格化表示，就是使其尾数的第一位数值位恒为1。

如：0.1101×2^{10}就是规格化的浮点数，而0.0110×2^{11}就是非规格化的浮点数。

4）浮点数的特点

浮点数具有如下的特点：

（1）浮点数的表示范围由浮点数的阶码位数决定，而浮点数的表示精度由浮点数的尾数决定。在字长确定的情况下，如果增加阶码的位数将扩大浮点数的表示范围而降低浮点数的表示精度；反之，如果增加尾数的位数将提高浮点数的表示精度而缩小浮点数的表示范围。

（2）当一个浮点数的尾数为0，不论其阶码为何值，计算机将该浮点数作为机器零处理。同理，当一个浮点数的阶码出现下溢，不管其尾数是何值，计算机也将该浮点数作为机器零处理。

（3）在数的表示范围方面，浮点数比定点数大。

（4）在运算规则方面，浮点数比定点数复杂。

（5）在运算精度方面，浮点数比定点数高。

（6）在使用的设备量方面，浮点数比定点数需要的更多。

3. 十进制数的计算机表示

在计算机的某些应用方面，需要计算机能够直接使用十进制数据进行存储和运算。由于计算机中只能直接使用二进制数据，因此，在计算机中表示和使用十进制数据同样需要利用多位二进制的编码来表示十进制数据。

BCD是Binary Coded Decimal的英文缩写，意为二进制代码表示的十进制。BCD码又称为8421码，是一种目前计算机中使用最广泛的十进制数的编码方案。

BCD码具体而言就是使用4位二进制编码表示一位十进制数。如用二进制编码“0110”表示十进制数“6”。由于4位二进制编码从左到右的各位的位权分别为8，4，2，1，因此，BCD码又称为8421码。表1-2给出了BCD码与十进制数的对应关系。

表1-2　BCD码与十进制数的对应关系

十进制数	8421BCD码	十进制数	8421BCD码
0	0000	5	0101
1	0001	6	0110
2	0010	7	0111
3	0011	8	1000
4	0100	9	1001

BCD 码采用四位二进制编码中的 0000 ~ 1001 分别表示十进制数字 0 ~ 9,其中的 1010 ~ 1111 共 6 个编码不用。因此,当运算结果的每一位十进制数的值超过 9 时或运算过程中有进位时,都需要采取办法自动向十进制高位进一,即要进行“十进制调整”才能得到正确结果。

例 1.29 将十进制数 175 用 BCD 码表示。

十进制数 175 的 BCD 码表示为:

$$(175)_{10} = (0001\ 0111\ 0101)_{BCD}$$

十进制数的编码方案除了 BCD 码外,还有一些其他的编码方案,如余 3 码、格雷码等,在此不再介绍,读者可参考其他书籍。

课堂练习

将十进制数 9567 表示成 BCD 码。

1.4 计算机中字符的编码

前面已经讨论了把十进制整数转换成二进制整数的方法,这样就可以在计算机里表示十进制整数了。对于数值数据的表示还有两个需要解决的问题:即数的正、负符号和小数点位置的表示。计算机中通常以“0”表示正号,“1”表示负号,进一步又引入了原码、反码和补码等编码方法。为了表示小数点位置,计算机中又引入了定点数表示法和浮点数表示法。本节将重点讲述字符和汉字的编码,了解编码的概念有利于掌握计算机的应用。

1.4.1 BCD 码

十进制数在计算机中常用 BCD 码来表示,即把每 1 位十进制数用 4 位二进制数来表示,因此也称为二进制编码的十进制数(二—十进制数)。注意,BCD 码与普通二进制表示方法不同。如何用 4 位二进制编码来表示 1 位十进制数,BCD 码有多种表示方式,常用的是 8421 码,即 4 个二进制位自左向右每位的权分别是 8,4,2,1。0 ~ 9 的 8421 码与通常的二进制一样进位,十分简单,当计数超过 9 时,需要采取办法自动向十进制高位进一,即要进行“十进制调整”才能得到正确结果。表 1-3 为常用的 BCD 编码方式。

表 1-3 常用的 BCD 编码方式

十进数	8421-BCD 码				余 3-BCD 码				2421-A 码			
(M10)	D	C	B	A	C3	C2	C1	C0	a3	a2	a1	a0
0	0	0	0	0	0	0	1	1	0	0	0	0
1	0	0	0	1	0	1	0	0	0	0	0	1
2	0	0	1	0	0	1	0	1	0	0	1	0
3	0	0	1	1	0	1	1	0	0	0	1	1
4	0	1	0	0	0	1	1	1	0	1	0	0
5	0	1	0	1	1	0	0	0	0	1	0	1
6	0	1	1	0	1	0	0	1	0	1	1	0
7	0	1	1	1	1	0	1	0	0	1	1	1
8	1	0	0	0	1	0	1	1	1	1	1	0
9	1	0	0	1	1	1	0	0	1	1	1	1

举个例子:321 的 8421 码就是 0011 0010 0001

如果一个字节(8 bit)的高 4 位和低 4 位各表示一个 BCD 码,该字节又称 EBCD 码。

1.4.2 ASCII 码

如前述,计算机中的信息都是用二进制编码表示的。用于表示字符的二进制编码称为字符编码。计算机中常用的字符编码有 EBCDIC(Extended Binary Coded Decimal Interchange Code)码和 ASCII(American Standard Code for Information Interchange)码。IBM 系列大型机采用 EBCDIC 码,微型机采用 ASCII 码。本节主要介绍 ASCII 码。

ASCII 码是美国标准信息交换码,被国际标准化组织指定为国际标准。ASCII 码有 7 位码和 8 位码两种版本。国际通用的 7 位 ASCII 码是用 7 位二进制数表示一个字符的编码,其编码范围从 0000000B ~ 1111111B,共有 128 个不同的编码值,相应可以表示 128 个不同字符的编码。表 1-4 为标准 ASCII 码字符集。7 位 ASCII 码表中,对大小写英文字母、阿拉伯数字、标点符号及控制符等特殊符号规定了编码,共 128 个字符。表中每个字符都对应一个数值,称为该字符的 ASCII 码值。如数字“0”的 ASCII 码值为 48D(30H),字母“A”的 ASCII 码值为 65D(41H),“b”的 ASCII 码值为 98D(62H)等。从表中可以看到:128 个编码中有 34 个是控制符的编码(00H’~20H、7FH)和 94 个字符编码(21H~7EH)。计算机内部用一个字节(8 位二进制位)存放一个 7 位 ASCII 码,最高位置 0。SP(Space)是空格字符。扩展的 ASCII 码使用 8 位二进制位表示一个字符的编码,可表示 256 个不同字符的编码。

表 1-4　标准 ASCII 码字符集

十进制	十六进制	字符	十进制	十六进制	字符	十进制	十六进制	字符	十进制	十六进制	字符
0	00	NUL	32	20	SP	64	40	@	96	60	`
1	01	SOH	33	21	!	65	41	A	97	61	a
2	02	STX	34	22	"	66	42	B	98	62	b
3	03	ETX	35	23	#	67	43	C	99	63	c
4	04	EOT	36	24	$	68	44	D	100	64	d
5	05	ENQ	37	25	%	69	45	E	101	65	e
6	06	ACK	38	26	&	70	46	F	102	66	f
7	07	BEL	39	27	'	71	47	G	103	67	g
8	08	BS	40	28	(	72	48	H	104	68	h
9	09	HT	41	29	)	73	49	I	105	69	i
10	0A	LF	42	2A	*	74	4A	J	106	6A	j
11	0B	VT	43	2B	+	75	4B	K	107	6B	k
12	0C	FF	44	2C	,	76	4C	L	108	6C	l
13	0D	CR	45	2D	-	77	4D	M	109	6D	m
14	0E	SO	46	2E	.	78	4E	N	110	6E	n
15	0F	SI	47	2F	/	79	4F	O	111	6F	o
16	10	DLE	48	30	0	80	50	P	112	70	p
17	11	DC1	49	31	1	81	51	Q	113	71	q
18	12	DC2	50	32	2	82	52	R	114	72	r
19	13	DC3	51	33	3	83	53	S	115	73	s
20	14	DC4	52	34	4	84	54	T	116	74	t
21	15	NAK	53	35	5	85	55	U	117	75	u
22	16	SYN	54	36	6	86	56	V	118	76	v
23	17	ETB	55	37	7	87	57	W	119	77	w
24	18	CAN	56	38	8	88	58	X	120	78	x
25	19	EM	57	39	9	89	59	Y	121	79	y
26	1A	SUB	58	3A	:	90	5A	Z	122	7A	z
27	1B	ESC	59	3B	;	91	5B	[	123	7B	{
28	1C	FS	60	3C	<	92	5C	\	124	7C	|
29	1D	GS	61	3D	=	93	5D	]	125	7D	}
30	1E	RS	62	3E	>	94	5E	^	126	7E	~
31	1F	US	63	3F	?	95	5F	_	127	7F	DEL

注：NUL—空白　SOH—序始　STX—文始　ETX—文终　EOT—送毕　ENQ—询问
ACK—应答　BEL—告警　BS—退格　HT—横表　LF—换行　VT—纵表
FF—换页　CR—回车　SO—移出　SI—移入　SP—空格　DLE—转义
DC1—设控 1　DC2—设控 2　DC3—设控 3　C4—设控 4　NAK—否认　SYN—同步
ETB—组终　CAN—作废　EM—载终　SUB—取代　ESC—扩展　FS—卷隙
GS—勘隙　RS　录隙　US—元隙　DEL—删除

1.4.3 汉字的编码

ASCII码只对英文字母、数字和标点符号等作了编码。为了用计算机处理汉字,同样也需要对汉字进行编码。从汉字编码的角度看,计算机对汉字信息的处理过程实际上是各种汉字编码间的转换过程。这些编码主要包括:汉字输入码、汉字内码、汉字字形码、汉字地址码及汉字信息交换码等。它们的名称可能不统一,但它们所表示的含义和具有的功能却是明确的,下面将分别介绍。

1. 国标码(汉字信息交换码)

汉字信息交换码是用于汉字信息处理系统之间或者与通信系统之间进行信息交换的汉字代码,简称交换码。它是为使系统、设备之间信息交换时采用统一的形式而制定的。我国1981年颁布了国家标准《信息交换用汉字编码字符集——基本集》,代号"GB 2312—1980",因此也称为国标码。

了解国标码的下列一些概念,对使用和研究汉字信息处理系统是有益的。

(1)常用汉字及其分级。国标码规定了进行一般汉字信息处理时所用的7 445个字符编码。其中包括682个非汉字图形字符(如:序号、数字、罗马数字、英文字母、日文假名、俄文字母、汉语注音等)和6 763个汉字代码。汉字代码中又有一级常用字3 755个,二级次常用字3 008个。一级常用汉字按汉语拼音字母顺序排列,二级次常用字按偏旁部首排列,部首顺序依笔画多少排序。

(2)两个字节存储一个国标码。由于一个字节只能表示256种编码,显然一个字节不可能表示汉字的国标码,所以一个国标码必须用两个字节来表示。

(3)国标码的编码范围。为了中英文兼容,国标GB 2312—1980中规定,国标码中的所有汉字和字符的每个字节的编码范围与ASCII码表中的94个字符编码相一致,所以,其编码范围是2121H~7E7EH。

(4)区位码。类似于ASCII码表,也有一张国标码表。简单来说,把7 445个国标码放置在一个94行×94列的阵列中。阵列的每一行称为一个汉字的"区",用区号表示;每一列称为一个汉字的"位",用位号表示。显然,区号范围是1~94,位号的范围也是1~94。这样,一个汉字在表中的位置可用它所在的区号与位号来确定。一个汉字的区号与位号的组合就是该汉字的"区位码"。区位码的形式是:高两位为区号,低两位为位号。如"中"字的区位码是5448,即54区48位。区位码与每个汉字之间具有一一对应的关系。国标码在区位码表中的安排是:1~15区是非汉字图形符区;16~55区是一级常用汉字区;56~87区是二级次常用汉字区;88~94区是保留区,可用来存储自造字代码。实际上,区位码也是一种输入法,其最大优点是一字一码的无重码输入法,最大的缺点是难以记忆。

(5)区位码和国标码之间的关系。汉字的输入区位码和其国标码之间的转换很简单。具体方法是:将一个汉字的十进制区号和十进制位号分别转换成十六进制数;然后再分别加上 20H，就成为此汉字的国标码。例如“中”字的输入区位码是 5448，分别将其区号 54 转换为十六进制数 36H，位号 48 转换为十六进制数 30H 即 3630H，然后，再分别加上 20H，得“中”字的国标码 5650H。汉字的机内码 = 汉字的国标码 + 8080H。例如“中”字的机内码 = 5650H + 8080H = D6DOH。

2. 汉字输入码

为将汉字输入计算机而编制的代码称为汉字输入码，也叫外码。目前汉字主要是经标准键盘输入计算机的，所以汉字输入码都由键盘上的字符或数字组合而成。如用全拼输入法输入“中”字，就要输入代码“zhong”（然后选字）。汉字输入码是根据汉字的发音或字形结构等多种属性和汉语有关规则编制的。目前流行的汉字输入码的编码方案已有许多种，如全拼输入法、双拼输入法、自然码输入法、五笔型输入法等。全拼输入法和双拼输入法是根据汉字的发音进行编码的，称为音码；五笔型输入法是根据汉字的字形结构进行编码的，称为形码；自然码输入法是以拼音为主，辅以字形、字义进行编码的，称为音形码。

可以想象，对于同一个汉字，不同的输入法有不同的输入码。例如：“中”字的全拼输入码是“zhong”，其双拼输入码是“VS”，而五笔型的输入码是“khk”。这种不同的输入码通过输入字典转换统一到标准的国标码之下。

3. 汉字内码

汉字内码是在计算机内部对汉字进行存储、处理的汉字代码，它能满足存储、处理和传输的要求。当一个汉字输入计算机后就转换为内码，然后才能在机器内流动、处理。汉字内码的形式也多种多样。目前，对应于国标码一个汉字的内码常用 2 个字节存储，并把每个字节的最高位置“1”作为汉字内码的标识，以免与单字节的 ASCII 码产生歧义。

4. 汉字字形码

目前汉字信息处理系统中产生汉字字形的方式，大多是数字式的，即以点阵的方式形成汉字，所以这里讨论的汉字字形码，也就是指确定一个汉字字形点阵的代码，也叫字模或汉字输出码。

汉字是方块字，将方块等分成有 n 行 n 列的格子，简称它为点阵。凡笔画所到的格子点为黑点，用二进制数“1”表示；否则为白点，用二进制数“0”表示。这样，一个汉字的字形就可用一串二进制数表示了。例如，16 × 16 汉字点阵有 256 个点，需要 256 位二进制位来表示一个汉字的字形码。这就是汉字点阵的二进制数字化。

计算机中，8 位二进制位组成一个字节，它是度量存储空间的基本单位。可见一个 16 × 16 点阵的字形码需要 16 × 16/8 = 32 字节存储空间；同理，24 × 24 点阵的字形码需要 24 × 24/8 = 72 字节存储空间；32 × 32 点阵的字形码需要 32 × 32/8 = 128 字节存储空间。

显然，点阵中行、列数划分越多，字形的质量越好，锯齿现象也就越不严重，但存储汉字字形码所占用的存储容量也越多。汉字字形通常分为通用型和精密型两类。通用型汉字字形点阵分成 3 种：简易型 16 × 16 点阵、普通型 24 × 24 点阵和提高型 32 × 32 点阵。

精密型汉字字形用于常规的印刷排版。由于信息量较大(字形点阵一般在 96×96 点阵以上),通常都采用信息压缩存储技术。

汉字的点阵字形在汉字输出时要经常使用,所以要把各个汉字的字形码固定地存储起来。存放各个汉字字形码的实体称为汉字库。为满足不同需要,还出现了各种各样的字库,如宋体字库、仿宋体字库、楷体字库、简体字库和繁体字库等。

汉字的点阵字形的缺点是放大后会出现锯齿现象,很不美观。中文 Windows 中广泛采用了 TrueType 类型的字形码,它采用了数学方法来描述一个汉字的字形码。这种字形码可以实现无限级放大而不产生锯齿现象。

5. 汉字地址码

汉字地址码是指汉字库(这里主要指整字形的点阵式字模库)中存储汉字字形信息的逻辑地址码。汉字库中,字形信息都是按一致顺序(大多数按标准汉字变换码中汉字的排列顺序)连续存放在存储介质上的,所以汉字地址码也大多是连续有序的,而且与汉字内码间有着简单的对应关系,以简化汉字内码到汉字地址码的转换。

6. 各种汉字代码之间的关系

汉字的输入、处理和输出的过程,实际上是汉字的各种代码之间的转换过程,或者说汉字代码在系统有关部件之间流动的过程。图 1-1 表示了这些代码在汉字信息处理系统中的位置及它们之间的关系。

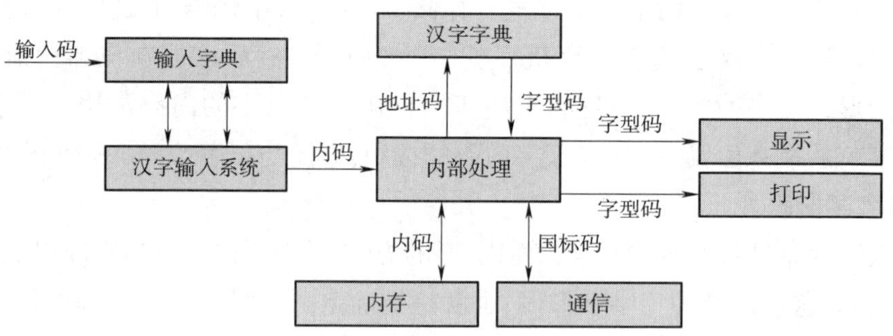

图 1-1　汉字代码转换关系

汉字输入码向内码的转换,是通过使用输入字典(或称索引表,即外码与内码的对照表)实现的。一般的系统具有多种输入方法,每种输入方法都有各自的索引表。在计算机的内部处理过程中,汉字信息的存储和各种必要的加工,以及向硬盘或磁带存储汉字信息,都是以汉字内码形式进行的。汉字通信过程中,处理机将汉字内码转换为适合于通信用的交换码,以实现通信处理。在汉字的显示和打印输出过程中,处理机根据汉字内码计算出地址码,按地址码从字库中取出汉字字形码,实现汉字的显示或打印输出。有的汉字打印机,只要送入汉字内码,就可以自行将汉字印出,汉字内码到字形码的转换由打印机本身完成。

7. 汉字字符集简介

目前,汉字字符集有如下几种:

1)GB 2312—1980 汉字编码

GB 2312 码是中华人民共和国国家标准汉字信息交换用编码,全称《信息交换用汉字编码字符集基本集》,标准号为 GB 2312—1980,由中华人民共和国国家标准总局发布,1981 年 5 月 1 日实施。习惯上称之为国标码、GB 码或区位码。它是一个简化字汉字的编码。

2)GBK 编码(Chinese Internal Code Specification)

GBK 是又一个汉字编码标准(GB 即"国标",K 是"扩展"的汉语拼音第一个字母),全称《汉字内码扩展规范》,由中华人民共和国全国信息技术标准化技术委员会于 1995 年 12 月 1 日制定。GBK 向下与 GB 2312—1980 编码兼容,向上支持 ISO 10646.1 国际标准。它共收录汉字 21 003 个,符号 883 个,并提供 1 894 个造字码位,将简、繁体字融于一库。微软公司自 Windows 95 简体中文版开始,系统采用 GBK 代码。

3)BIG-5 码

BIG-5 码是通行于中国台湾、香港地区的一个繁体字编码方案,俗称"大五码"。它广泛地被应用于计算机业和因特网(Internet)中。它是一个双字节编码方案,收录了 13 461 个符号和汉字。其中包括符号 408 个,汉字 13 053 个。汉字分常用字 5 401 个和次常用字 7 652 个两部分,各部分中的汉字按笔画/部首排列。

4)Unicode 编码与 UCS 字符集

Unicode 也是一种字符编码方法,不过它是由国际组织设计,可以容纳全世界所有语言文字的编码方案。Unicode 的学名是"Universal Multiplc-Octct Coded Character Set",简称为 UCS。

在 UCS 中,每个字符用 4 个 8 位序列表示(即占 4 个字节),这样巨大的编码空间足以容纳世界上的各种文字。不过由于汉字数量众多,据统计,包括各种古字和冷僻字在内,汉字总量达 6 万多个(有人认为是 8 万多个),再加上还有许多繁体字,所以并非这些汉字都进入了 UCS。考虑到实用性和一些限制性因素,经过各使用汉字国家和地区专家们的广泛合作与艰苦努力,整理和形成了 UCS 中统一的汉字字符集 CJK(C 指 China,J 指 Japan,K 指 Kotea)。

在 CJK 中,总共有汉字 20 902 个,这个字符集于 1995 年 12 月 8 日由国家技术监督局标准化司和电子工业部科技质量司共同签发。UCS 规定了怎么用多个字节表示全世界的各种文字与符号。网络上怎样传输这些编码,则是由 UTF(UCS Transformation Format)规范规定的,常见的 UTF 规范包括 UTF-8、UTF-7、UTF-16。

5)UTF-8 与 UTF-16 编码

UTF-8 就是以 8 位为单元对 UCS 进行编码,UTF-8 以字节为编码单元,没有字节序的问题。UTF-16 以两个字节为编码单元,在解释一个 UTF-16 文本前,首先要弄清楚每个编

码单元的字节序。UTF-16 却要用于实际的传输,所以就不得不考虑字节序的问题。

例如,收到一个"奎"的 Unicode 编码是 594E,"乙"的 Unicode 编码是 4E59。如果我们收到 UTF-16 字节流"594E",那么这是"奎"还是"乙"?

Unicode 规范中推荐的标记字节顺序的方法是 BOM(Byte Order Mark),BOM 是一个有点小聪明的想法。

在 UCS 编码中有一个叫作"ZERO WIDTH NO-BREAK SPACE"的字符,它的编码是 FEFF。而 FFFE 在 UCS 中是不存在的字符,所以不应该出现在实际传输中。UCS 规范建议我们在传输字节流前,先传输字符"ZERO WIDTH NO-BREAK SPACE"。

这样如果接收者收到 FEFF 或 FFFE 就能知道文本中字节的传送顺序了。

UTF-8 不需要 BOM 来表明字节顺序,但可以用 BOM 来表明编码方式。字符"ZERO WIDTH NO-BREAK SPACE"的 UTF-8 编码是 EF BB BF。所以如果接收者收到以 EF BB BF 开头的字节流,就知道这是 UTF-8 编码了。Windows 就是使用 BOM 来标记文本文件的编码方式的。而网页类的文档中,一般开始都指定是用 UTF-8 还是 UTF-16 等编码方式。

习　　题

1. 在微机中,西文字符所采用的编码是(　　)。
   A. EBCDIC 码　　B. ASCII 码　　C. 国标码　　D. BCD 码
2. 汉字的区位码由一个汉字的区号和位号组成。其区号和位号的范围各为(　　)。
   A. 区号 1 ~ 95,位号 1 ~ 95　　B. 区号 1 ~ 94,位号 1 ~ 94
   C. 区号 0 ~ 94,位号 0 ~ 94　　D. 区号 0 ~ 95,位号 0 ~ 95
3. 如果在一个非零无符号二进制整数之后添加一个 0,则此数的值为原数的(　　)。
   A. 10 倍　　B. 2 倍　　C. 1/2　　D. 1/10
4. 五笔字型汉字输入法的编码属于(　　)。
   A. 音码　　B. 形声码　　C. 区位码　　D. 形码
5. 如果删除一个非零无符号二进制数尾部的 2 个 0,则此数的值为原数(　　)。
   A. 4 倍　　B. 2 倍　　C. 1/2　　D. 1/4
6. 下列关于 ASCII 码的叙述中,正确的是(　　)。
   A. 一个字符的标准 ASCII 码占一个字节,其最高二进制位总为 1
   B. 所有大写英文字母的 ASCI 码值都小于小写英文字母 a 的 ASCII 码值
   C. 所有大写英文字母的 ASCII 码值都大于小写英文字母 a 的 ASCII 码值
   D. 标准 ASCII 码表有 256 个不同的字符编码
7. 在 ASCII 码表中,根据码值由小到大的排列顺序是(　　)。
   A. 空格字符、数字符、大写英文字母、小写英文字母

B. 数字符、空格字符、大写英文字母、小写英文字母

C. 空格字符、数字符、小写英文字母、大写英文字母

D. 数字符、大写英文字母、小写英文字母、空格字符

8. 在下列字符中，其 ASCII 码值最小的一个是(　　)。

A. 9　　B. p　　C. Z　　D. a

9. 十进制整数 64 转换为二进制整数等于(　　)。

A. 1100000　　B. 1000000　　C. 1000100　　D. 1000010

10. 已知三个字符为 a,X 和 5,按它们的 ASCII 码值升序排序，结果是(　　)。

A. 5,a,X　　B. a,5,X　　C. X,a,5　　D. 5,X,a

11. 在不同进制的四个数中，最小的一个数是(　　)。

A. 11011001(二进制)　　B. 75(十进制)

C. 37(八进制)　　D. 2A(十六进制)

12. 设任意一个十进制整数为 D，转换成二进制数为 B。根据数制的概念，下列叙述中正确的是(　　)。

A. 数字 B 的位数 < 数字 D 的位数　　B. 数字 B 的位数≤数字 D 的位数

C. 数字 B 的位数≥数字 D 的位数　　D. 数字 B 的位数 > 数字 D 的位数

13. 显示或打印汉字时，系统使用的是汉字的(　　)。

A. 机内码　　B. 字形码　　C. 输入码　　D. 国标交换码

14. 在计算机中，组成一个字节的二进制位位数是(　　)。

A. 1　　B. 2　　C. 4　　D. 8

15. 十进制整数 127 转换为二进制整数等于(　　)。

A. 1010000　　B. 0001000　　C. 1111111　　D. 1011000

16. 在数制的转换中，下列叙述中正确的一条是(　　)。

A. 对于相同的十进制正整数，随着基数 R 的增大，转换结果的位数小于或等于原数据的位数

B. 对于相同的十进制正整数，随着基数 R 的增大，转换结果的位数大于或等于原数据的位数

C. 不同数制的数字符是各不相同的，没有一个数字符是一样的

D. 对于同一个整数值的二进制数表示的位数一定大于十进制数字的位数

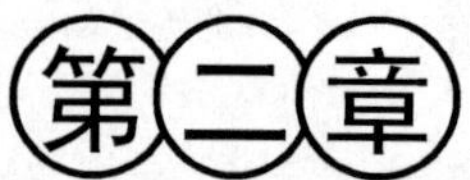

计算机中数据的运算

2.1 算术运算

基本的算术运算包括+,-,*,/。在计算机中不仅提供了语言级的基本算术运算,而且包括了机器级的基本算术运算。在本节中主要介绍机器级的基本算术运算。

我们已经了解在计算机中带符号数有三种表示形式,分别是原码、反码和补码,因此,基本的算术运算也包括原码的基本算术运算、反码的基本算术运算和补码的基本算术运算。但对于原码的基本算术运算和反码的基本算术运算而言,由于其运算法则比较复杂,其效率比较低,一般计算机中不予采用,故大多数计算机中的基本算术运算都采用补码运算。

2.1.1 补码加法运算

补码运算的优点主要是:

(1)数据的符号位可以直接参加运算。

(2)可以将减法转换为加法。

正是基于补码运算的两个优点,在计算机中只设置加法器,而不设置减法器。实际上,计算机中的所有算术运算都是基于加法运算和移位运算的,也就是说,在计算机中所有的算术运算都最终分解成加法运算和移位运算来实现。

补码加法运算的法则是:

$$[X+Y]_{补}=[X]_{补}+[Y]_{补}$$

上式的证明从略,读者可以自己证明。

例 2.1 设 $n=8$,$X=+11010B$,$Y=-10101B$,求 $Z=X+Y$ 的值。

$[X]_{补}=0001\ 1010B$ $[Y]_{补}=1110\ 1011B$

$[X+Y]_{补}=[X]_{补}+[Y]_{补}=0001\ 1010B+1110\ 1011B=0000\ 0101B$

$[X+Y]_{原}=0000\ 0101B$

所以,$Z=X+Y=+101B$

例 2.2 设 $n=8$,$X=-0.10011B$,$Y=-0.11001B$,求 $Z=X+Y$ 的值。

$[X]_{补} = 1011\ 0100B \qquad [Y]_{补} = 1001\ 1100B$

$[X+Y]_{补} = [X]_{补} + [Y]_{补} = 1011\ 0100B + 1001\ 1100B = 0101\ 0000B$

$[X+Y]_{原} = 0101\ 0000B$

所以,$Z = X + Y = +0.101B$

分析:X,Y 均小于 0,而结果 $X+Y$ 却大于 0,这应该是不可能的。为什么会出现这种情况呢?其原因是结果产生了溢出,即对于定点小数来说,结果的绝对值大于 1。

只有当两个同号数相加才能产生溢出,而两个异号数相加是不会产生溢出的。对单符号补码加法而言,判断其结果是否溢出的条件是:

被加数的符号位(A)	加数的符号位(B)	结果的符号位(C)	是否溢出(O)
0	0	0	0
0	0	1	1
0	1	0	0
0	1	1	0
1	0	0	0
1	0	1	0
1	1	0	1
1	1	1	0

从上表中可知,只有当两个同号数相加,并且结果的符号位与两个加数的符号不同时,才发生溢出。即:

$$O = A \cdot B \cdot C + A \cdot B \cdot C$$

由此可见,对于单符号补码加法而言,判断其结果是否溢出是比较复杂的,为了简化判断其结果是否溢出,可采用双符号补码表示。

所谓双符号补码就是其符号位用两位表示,也称为变形补码。请看下面的示例。

例 2.3 设 $n=8$,$X = +11010B$,$Y = -10101B$,求 $Z = X + Y$ 的值。

$[X]_{补} = 0001\ 1010B \qquad [Y]_{补} = 1110\ 1011B$

$[X+Y]_{补} = [X]_{补} + [Y]_{补} = 0001\ 1010B + 1110\ 1011B = 0000\ 0101B$

$[X+Y]_{原} = 0000\ 0101B$

所以,$Z = X + Y = +101B$

例 2.4 设 $n=8$,$X = -0.10011B$,$Y = -0.11001B$,求 $Z = X + Y$ 的值。

$[X]_{补} = 1101\ 1010B \qquad [Y]_{补} = 1100\ 1110B$

$[X+Y]_{补} = [X]_{补} + [Y]_{补} = 1101\ 1010B + 1100\ 1110B = 1010\ 1000B$

由于结果的符号位为 10,则表示结果有溢出。

对于变形补码的加法运算而言，如果结果的两个符号位相同（即 00 和 11），则表示结果没有溢出；如果结果的两个符号位相异（即 01 和 10），则表示结果有溢出。

2.1.2 补码减法运算

补码的减法运算可以通过补码的加法运算来实现。

补码减法运算的法则是：

$$[X-Y]_{补}=[X]_{补}+[-Y]_{补}$$

例 2.5 设 $n=8, X=101001B, Y=-10110B$，求 $Z=X-Y$ 的值。

$[X]_{补}=0010\ 1001B$ $\quad$ $[Y]_{补}=1110\ 1010B$

$[-Y]_{补}=0001\ 0110B$

$[X-Y]_{补}=[X]_{补}+[-Y]_{补}=0010\ 1001B+0001\ 0110B=0011\ 1111B$

$[X-Y]_{原}=0011\ 1111B$

所以，$Z=X-Y=+11\ 1111B$

课堂练习

（1）已知 x 和 y，用变形补码计算 $x+y=$？同时指出结果是否溢出，机器数位长取 $n=8$。

$x=11011$ $\quad$ $y=10101$

（2）已知 x 和 y，用变形补码计算 $x-y=$？同时指出结果是否溢出，机器数位长取 $n=8$。

$x=11011$ $\quad$ $y=-11111$

2.1.3 乘法运算

乘法运算是通过加法运算和移位运算实现的。下面通过一个具体的例子加以说明。

例 2.6 设 $X=1101B, Y=1011B$，求 $Z=X\times Y$ 的值。

部分积	说明
00 0000 1011	始时部分积为 0，从乘数的最低位开始
+）00 1101	乘数的最低位为 1，部分积加被乘数
00 1101 1011	分积右移一位
00 0110 1101	
+）00 1101	乘数的最低位为 1，部分积加被乘数
01 0011 1101	部分积右移一位
00 1001 1110	乘数的最低位为 0，部分积右移一位
00 0100 1111	
+）00 1101	乘数的最低位为 1，部分积加被乘数
01 0001 1111	部分积右移一位
00 1000 1111	乘法运算结束

所以，$Z=X\times Y=1000\ 1111\text{B}$

2.1.4 除法运算

除法运算是通过减法运算和移位运算实现的。下面通过一个具体的例子加以说明。

例 2.7 设 $X=1000\ 1111\text{B}$，$Y=1011\text{B}$，求 $Z=X/Y$ 的值。

被除数	商	说明
00 1000 1111	0000	X
01 0001 1110	0000	被除数和商左移一位，成 $2X$
−) 00 1011		减除数
00 0110 1110	0001	余数 R 为正，够减，商上 1
00 1101 1100	0010	余数 R 和商左移一位，成 $2R$
−) 00 1011		减除数
00 0010 1100	0011	余数 R 为正，够减，商上 1
00 0101 1000	0110	余数 R 和商左移一位，成 $2R$
−) 00 1011		减除数
11 1010 1000	0110	余数 R 为负，不够减，商上 0
+) 00 1011		不够减，加除数，恢复余数
00 0101 1000	0110	
00 1011 0000	1100	余数 R 和商左移一位，成 $2R$
−) 00 1011		减除数
00 0000 0000	1101	余数 R 为正，够减，商上 1，除法运算结束

所以，$Z=X/Y=1101\text{B}$　　余数 $R=0000\text{B}$

2.1.5 浮点数加减法运算

浮点数的表示分为阶码和尾数两个部分，阶码一般采用移码表示，尾数一般采用补码表示。浮点数的加减法运算规则是：

(1) 对阶，即对齐小数点位置。对阶的方法是：小阶向大阶对齐，阶码较小的数的尾数每向右移一位，该数的阶码便加 1，直到两个数的阶码相同为止。对阶时要进行舍入处理。

(2) 两个数的尾数相加或相减。

(3) 对结果进行规格化。

(4) 舍入处理。

下面通过一个具体的例子加以说明。

例 2.8 有两个浮点数 $A=(-0.1101\text{B})\times 2^{10}$，$B=(+0.101011\text{B})\times 2^{100}$，假设阶码取 3 位、尾数取 8 位（均不包括符号位），求 $Z=A+B$ 的值。

(1)将两个浮点数 A 和 B 表示成机器数

A　　1010　　11 0011 0000

B　　1100　　00 1010 1100

(2)对阶

A　　1100　　11 1100 1100

B　　1100　　00 1010 1100

(3)尾数相加

　　11 1100 1100

+) 00 1010 1100

　　00 0111 1000

所以,$Z=A+B$ 的值为:1100 00 0111 1000B

(4)结果规格化

$Z=A+B$ 的值为:1011 00 1111 0000B

所以,最后 $Z=A+B$ 的值为: $+0.1111\times2^{11}$

舍入处理:

舍入处理是指在对阶和右规的过程中,当尾数右移时,移出的低位部分被丢弃时的处理问题。常用的舍入方法有两种,一种是"0 舍 1 入法",即如果右移时被丢弃的低位部分的最高数值位为 0,则舍去;反之,则在尾数的末位上加 1。另一种是"恒置 1 法",即只要有数位被丢弃,就在尾数的末位置加 1。

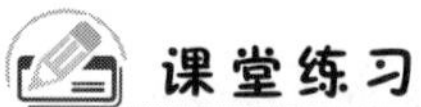

实现下列浮点数的运算,假设阶码为 4 位,尾数为 8 位(均不包含符号位)。

$A=0.1011\times2^{-11}$　　$B=(-0.100101)\times2^{-1}$,求 $A+B$ 的值。

2.1.6　浮点数乘法运算

浮点数的乘法运算规则是:乘积的尾数是相乘两数的尾数之积,乘积的阶码是相乘两数的阶码之和。其乘积也要进行规格化和舍入处理。

如有两个浮点数 X 和 Y:

$$X=S_x\times2^m \qquad Y=S_y\times2^n$$

那么 $Z=X\times Y=(S_x\times2^m)\times(S_y\times2^n)=(S_x\times S_y)\times2^{m+n}$

实际上,对于两个浮点数的阶码加法运算就是定点整数的加法运算,而两个尾数的乘法运算就是定点小数的乘法运算。

2.1.7　浮点数除法运算

浮点数的除法运算规则是:商的尾数是相除两数的尾数之商,商的阶码是相除两数的阶码之差。其商也要进行规格化和舍入处理。

如有两个浮点数 X 和 Y：

$$X = S_x \times 2^m \qquad Y = S_y \times 2^n$$

那么 $Z = X/Y = (S_x \times 2^m)/(S_y \times 2^n) = (S_x/S_y) \times 2^{m-n}$

实际上，对于两个浮点数的阶码减法运算就是定点整数的减法运算，而两个尾数的除法运算就是定点小数的除法运算。

2.2 关系运算

关系运算一般是计算机语言级的，而不是机器级的。关系运算的作用是比较两个数的大小关系，一般关系运算有 6 种：<（小于），>（大于），< =（小于或等于），> =（大于或等于），= =（等于）和！ =（不等于）。

6 种关系运算都是双目运算，参加运算的两个操作数均是数值型数据，而关系运算的运算结果都是逻辑型数据；即要么该关系运算成立，其结果为“真”或“True”；要么该关系运算不成立，其结果为“假”或“False”。

例 2.9 关系运算的示例。

5 <5　　不成立　　结果为“假”或“False”

5 < =5　　成立　　结果为“真”或“True”

5 >5　　不成立　　结果为“假”或“False”

5 > =5　　成立　　结果为“真”或“True”

5 = =5　　成立　　结果为“真”或“True”

5！ =5　　不成立　　结果为“假”或“False”

2.3 逻辑运算

逻辑运算既有计算机语言级的，也有机器级的。在本节中介绍的是计算机语言级的逻辑运算。基本的逻辑运算有 3 个：&&（逻辑与），‖（逻辑或），！（逻辑非）。

在 3 个逻辑运算中，！（逻辑非）是单目运算，而其他两个都是双目运算。对于逻辑运算而言，参加运算的操作数均是逻辑型数据，而运算结果也都是逻辑型数据。

2.3.1 逻辑与运算

逻辑与运算是双目运算，如：*a*&&*b*。

逻辑与运算的定义如下。

只有当 *a*，*b* 都为“真”时，*a*&&*b* 才为“真”；否则，均为“假”。

逻辑与运算的真值表见表 2-1。

表 2-1　逻辑与运算的真值表

a	b	$a\&\&b$
0	0	0
0	1	0
1	0	0
1	1	1

$a\&\&b$ 有时也写成 $a \cdot b$ 或 $a \wedge b$,也称之为“逻辑乘”。

例 2.10　假设 $a=3,b=5,c=10$,则:

$(a>b)\&\&(b<c)$的结果为“假”或“False”或“0”。

$(a<b)\&\&(b<c)$的结果为“真”或“True”或“1”。

2.3.2　逻辑或运算

逻辑或运算也是双目运算,如:$a \parallel b$。

逻辑或运算的定义如下。

只有当 a,b 都为“假”时,$a \parallel b$ 才为“假”;否则,均为“真”。

逻辑或运算的真值表见表 2-2。

表 2-2　逻辑或运算的真值表

a	b	$a \parallel b$
0	0	0
0	1	1
1	0	1
1	1	1

$a \parallel b$ 有时也写成 $a+b$、$a \vee b$,也称之为“逻辑加”。

例 2.11　假设 $a=3,b=5,c=10$,则:

$(a>b) \parallel (b>c)$的结果为“假”或“False”或“0”。

$(a<b) \parallel (b>c)$的结果为“真”或“True”或“1”。

2.3.3　逻辑非运算

逻辑非运算是单目运算,如:$!a$。

逻辑非运算的定义如下。

当 a 为“真”时,$!a$ 为“假”;否则,为“真”。

逻辑非运算的真值表见表 2-3。

表 2-3　逻辑非运算的真值表

a	$!a$
0	1
1	0

$!a$ 有时也写成 $\sim a$，也称之为“逻辑求反”。

例 2.12　假设 $a=3, b=5, c=10$，则：

$!(a>b) \| (b<c)$ 的结果为“真”或“True”或“1”。

$!((a<b) \| (b>c))$ 的结果为“假”或“False”或“0”。

除了基本的逻辑运算之外，还有两个常用的逻辑运算：逻辑异或运算和逻辑同或运算。

2.3.4　逻辑异或运算

逻辑异或运算是双目运算，如：$a \oplus b$。

逻辑异或运算的定义如下。

当 a, b 同为“真”或“假”时，$a \oplus b$ 为“假”；否则，为“真”。

逻辑异或运算的真值表见表 2-4。

表 2-4　逻辑异或运算的真值表

a	b	$a \oplus b$
0	0	0
0	1	1
1	0	1
1	1	0

实际上，逻辑异或运算实现的是一位半加功能。所谓“一位半加”就是指不带进位功能的一位加法。

例 2.13　假设 $a=3, b=5, c=10$，则：

$(a>b) \oplus (b<c)$ 的结果为“真”或“True”或“1”。

$(a<b) \oplus (b<c)$ 的结果为“假”或“False”或“0”。

2.3.5　逻辑同或运算

逻辑同或运算也是双目运算，如：$a \odot b$。

逻辑同或运算的定义如下。

当 a, b 同为“真”或“假”时，$a \odot b$ 为“真”；否则，为“假”。

逻辑同或运算的真值表见表 2-5。

表 2-5　逻辑同或运算的真值表

a	b	$a \odot b$
0	0	1
0	1	0
1	0	0
1	1	1

逻辑同或运算也可以称之为逻辑异或非运算;同理,逻辑异或运算也可以称之为逻辑同或非运算。

例 2.14　假设 $a=3,b=5,c=10$,则:

$(a>b)\odot(b<c)$的结果为"假"或"False"或"0"。

$(a<b)\odot(b<c)$的结果为"真"或"True"或"1"。

2.4　移位运算

移位运算也是计算机中常用的运算,无论是计算机语言级还是机器级都提供了移位运算。移位运算分左移和右移两种,左移又分为逻辑左移和算术左移两种,右移也分为逻辑右移和算术右移两种。移位时又有移一位和移多位之分。

2.4.1　逻辑左移

格式:x << 位数。

规则:使操作数的各位左移所需位数,低位补 0,高位溢出。

如:5 <<2 =20

即:(00000…0 00000101)　　<<2

　　=(00000…0 00010100)

算术左移和逻辑左移相同。算术左移一位相当于乘 2,算术左移 n 位相当于乘 2^n。

2.4.2　逻辑右移

格式:x >> 位数。

规则:使操作数的各位右移所需位数,高位补 0,低位舍弃。

如:10 >>2 =2

即:(00000…0 00001010)　　>>2

　　=(00000…. 0 00000010)

2.4.3　算术右移

格式:x >> 位数。

规则:使操作数的各位右移所需位数,高位采用符号位复制,低位舍弃。

如:10 >>2 =2

即:(00000…0 00001010)　　>>2

=(00000…0 00000010)

而:−10 >>2 = −3

即:(11111…1 11110110)　　>>2

=(11111…1 11111101)

算术右移一位相当于除2,算术右移 n 位相当于除 2^n。

2.5 位运算

位运算也分计算机语言级的位运算和机器级的位运算。计算机语言级的位运算是指两个操作数的按位运算,而机器级的位运算是指直接对二进制位的运算。本节介绍计算机语言级的位运算,而机器级的位运算就是前面已介绍的逻辑运算。

常用的位运算一般有4种:&(按位与),|(按位或),~(按位非或按位求反)和^(按位异或)。

2.5.1 按位与运算

按位与运算"&"是双目运算,其功能是将参与运算的两个操作数的对应二进制位进行按位与操作。

如:机器数用8位二进制表示。

19&5 =1

即:
```
      0001 0011
  &)  0000 0101
  -------------
      0000 0001B
```

按位与运算"&"通常用于对机器数的某些位清0(对应位与0与)或保留某些位(对应位与1与)。

如:对于双字节数A而言,如果要取其低字节数据,则可以执行操作A&255。

2.5.2 按位或运算

按位或运算"|"也是双目运算,其功能是将参与运算的两个操作数的对应二进制位进行按位或操作。

如:机器数用8位二进制表示。

−19|5 = −19

即：　　1110 1101B

　　|) 0000 0101B

　　1110 1101B

按位或运算"|"通常用于对机器数的某些位置1(对应位与1或)或保留某些位(对应位与0或)。

如:对于双字节数A而言,如果要将其高字节数据全部置1,则可以执行操作A|-256。

2.5.3 按位求反运算

按位求反运算"~"是单目运算,其功能是将参与运算的操作数的对应二进制位进行按位求反操作。

如:机器数用8位二进制表示。

~(-19)=18

即：~) 1110 1101B

　　0001 0010B

如:已知$[X]_{补}$,求$[-X]_{补}$。

则:$[-X]_{补}=\sim[X]_{补}+1$

2.5.4 按位异或运算

按位异或运算"^"也是双目运算,其功能是将参与运算的两个操作数的对应二进制位进行按位异或操作。

如:机器数用8位二进制表示。

-19^17=-4

即：　　1110 1101B

　　~) 0001 0001B

　　1111 1100B

按位异或运算"^"通常用于对机器数的某些位求反(对应位与1异或)或保留某些位(对应位与0异或)。

如:对于双字节数A而言,如果要将其低字节数据全部求反,则可以执行操作A^255。

习　　题

1. 已知x和y,用变形补码计算$x+y$的值,同时指出结果是否溢出,机器数位长取$n=8$。

(1)$x=-11011$　　$y=1011$

(2)$x=-10110$　　$y=-1001$

2. 已知 x 和 y,用变形补码计算 $x-y=$? 同时指出结果是否溢出,机器数位长取 $n=8$。

(1)$x=10111$　　$y=-11011$

(2)$x=-11011$　　$y=-10011$

3. 实现下列浮点数的运算,假设阶码为4位,尾数为8位(均不包含符号位)。

(1)$A=-3$　　$B=0.75$,求 $A-B=$?

(2)$A=-9.75$　　$B=-6.375$,求 $A+B=$?

4. 已知 $a=2,b=12,c=-5,d=20$,求下列表达式的值,假设机器数位长取 $n=8$。

(1)$a>b$　　(2)$a<b\&\&c>d$

(3)$a>c \| b<d$　　(4)$!(a<d)\&\&(b>c) \| (c>d)$

(5)$(a>c)\oplus(c>d)$　　(6)$(b<a)\odot(d>b)$

(7)b 逻辑左移2位　　(8)c 算术左移3位

(9)d 逻辑右移3位　　(10)c 算术右移2位

(11)$a\&c$　　(12)$b|d$

(13)$\sim c$　　(14)$c\hat{}d$

(15)$(a\hat{}c)\&(b|d)$　　(16)$(a|c)\hat{}(\sim(b\&c))$

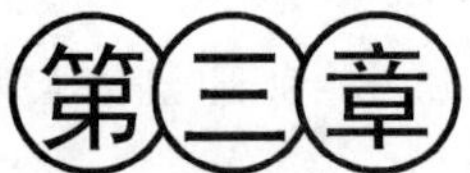

计算机系统的组成

3.1 冯·诺依曼思想

自从1946年世界上第一台电子计算机在美国诞生以来,尽管在短短的几十年中,计算机的硬件和软件技术得到了飞速的发展,计算机的应用也深入到了人类社会和生活中的方方面面,但计算机系统的设计思想仍然没有改变,即仍然采用的是冯·诺依曼思想。因此,目前的计算机也称为冯·诺依曼计算机。

冯·诺依曼思想可概括为六个字——“程序,存储,控制”,也就是说,为了让计算机完成某项任务,首先需要将相应的程序存储在计算机中,然后计算机自动运行程序,并且在所运行的程序的控制之下,通过计算机的各个部件的协调工作来执行该项任务。

根据冯·诺依曼思想,计算机必须要由五个部分组成:

(1)运算器。

(2)逻辑控制装置,即控制器。

(3)存储器,用于存储程序和数据。

(4)输入设备。

(5)输出设备。

因此,从计算机的机器的角度而言,它只能完成4种基本操作。

(1)输入:计算机接收由输入设备(键盘或鼠标)提供的数据。

(2)处理:计算机对数据进行的操作。

(3)输出:计算机在输出设备(显示器或打印机)上产生输出,显示数据处理的结果。

(4)存储:计算机所处理的数据和处理的结果都必须在存储器中存储,才能被计算机处理。

一个完整的计算机系统包括两大部分:计算机硬件系统和计算机软件系统。下面将分别进行介绍。

3.2 计算机硬件系统的组成

计算机硬件系统是指计算机系统中所有机器装置的总称,包括计算机机器的所有组成部件。

1. 基本结构图

计算机的硬件系统由运算器、控制器、存储器、输入设备和输出设备五个部分组成，其具体结构和相互关系如图 3-1 所示。

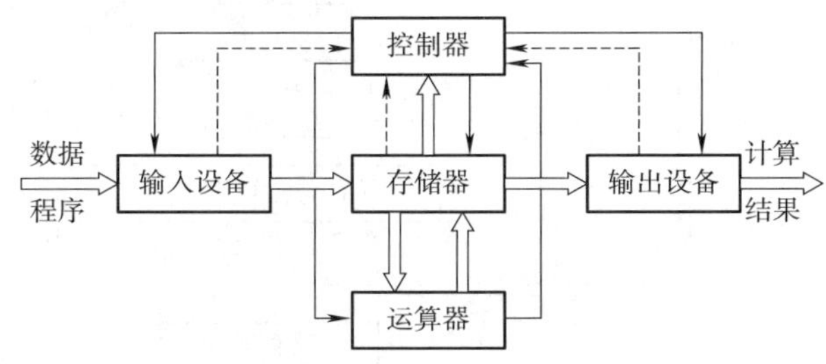

图 3-1　计算机硬件系统结构框架图

图中实线表示数据流，虚线表示控制流。

2. 存储器

存储器用于存储计算机中的程序和数据，是计算机各种信息存放和交流的中心。存储器分为内部存储器和外部存储器两大类，有读和写两种操作。

存储器的读操作就是根据存储器的地址从存储器的指定存储单元中取出数据，用于计算机的加工处理，如打印输出或数据处理。存储器的写操作就是根据存储器的地址将数据存入到存储器的指定存储单元中，如保存计算的中间结果。

内部存储器简称内存或主存，是计算机主机的一部分，是 CPU（中央处理器）能够直接访问的存储器，用于存放正在运行的程序和处理的数据，也用于存放计算的中间结果和最后结果。相对于外部存储器而言，其存取速度快、容量小、价格高。目前计算机的主存普遍采用大规模集成电路制成的半导体存储器，基本内存配置一般为 512 MB 或 1 GB。内存又分为随机存储器（RAM）和只读存储器（ROM）两部分。

外部存储器简称外存或辅存，属于计算机的外围设备（即 I/O 设备），主要用于永久性地存储计算机的程序和数据，是主存储器的后备和补充。CPU 不能直接访问外部存储器，但如果需要，外存可成批地与内存交换数据。相对于内部存储器而言，其存取速度慢、容量大、价格低。目前计算机常用的外存主要有磁盘存储器、磁带存储器、光盘存储器、闪盘存储器等。

3. 运算器

运算器的功能是实现算术和逻辑运算，其核心部件是 ALU（算术/逻辑运算单元）。运算器的逻辑框架图如图 3-2 所示。

ALU 的核心实际上是一个加法器，具体而言运算器所能实现的功能有：

（1）两个数的加法运算。

（2）一个数的加 1 运算。

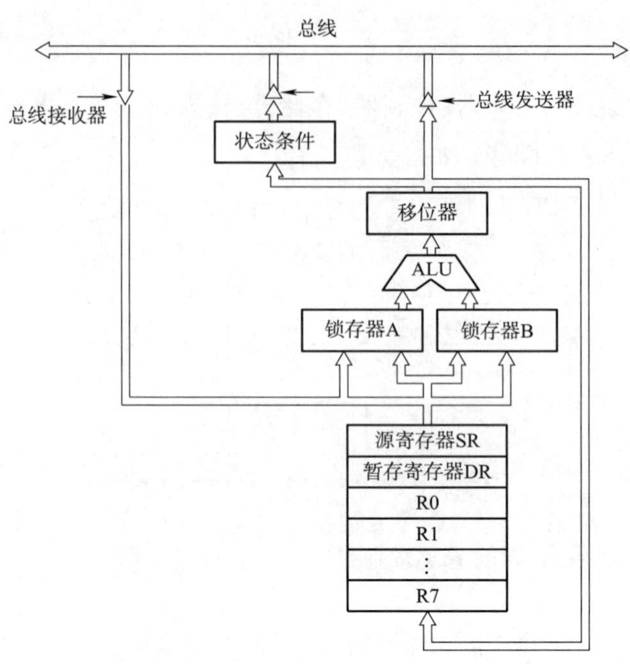

图 3-2　运算器的逻辑框架图

(3)两个数的逻辑加运算。

(4)一个数的求补、求反运算。

(5)数码的左移、右移、直送和字节交换运算。

锁存器和寄存器组用于辅助 ALU 进行运算,状态条件寄存器用于存储在运算过程中产生的各种状态,如运算过程中是否有进位、有溢出、结果是否为零、结果是否为负等状态标志。

4. 控制器

控制器的基本任务是指挥计算机各个功能部件的协调工作,即将机器指令翻译成可以控制计算机硬件逻辑部件完成数据传送和处理的微命令序列,相当于人的大脑,是计算机系统的核心部件之一。

计算机控制器的结构框架图如图 3-3 所示。

CPU 是计算机的核心部件,由运算器和控制器两部分组成,其功能可归结为四个方面:指令控制、操作控制、时序控制、数据加工。

5. 输入设备

输入设备的功能是将计算机外部的信息(主要是原始数据和程序)传送到计算机内部(即主存储器)。常用的输入设备有键盘、鼠标、扫描仪、条形码读入器等。

6. 输出设备

输出设备的功能是将计算机内部的数据(来自主存储器)传送到计算机外部。常用的输出设备有显示器、打印机等。

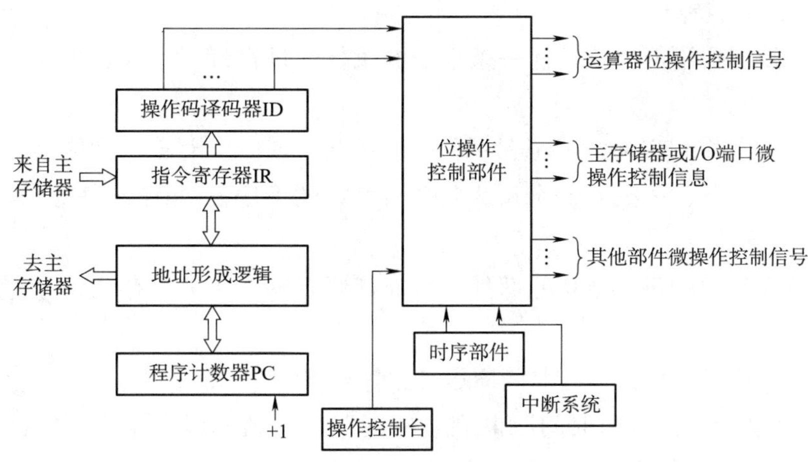

图 3-3　控制器的结构框架图

磁盘和光盘等外部存储器既是输入设备,又是输出设备。输入和输出设备合称为I/O 设备或外围设备,简称为外设。

7. CPU 采用的新技术

为了提高 CPU 的执行速度,在目前的 CPU 的设计中采用了一些新的技术,主要有流水线技术、Cachc 技术和 RISC 技术等。

1)流水线技术

流水线技术是一种非常经济并对提高 CPU 的运算速度非常有效的技术,它可以在几乎不增加硬件的基础上把 CPU 的运算速度提高几倍,是目前使用非常普遍的一种并行处理方式。

流水线技术的实现是基于指令执行的不同阶段使用了不同的部件基础之上的。例如,一个指令的执行过程简单分为两个阶段:取指令阶段和执行指令阶段。但取指令阶段和执行指令阶段分别使用了 CPU 中的不同部件,当 CPU 处于取指令阶段时,CPU 中的执行指令的部件处于空闲状态;而当 CPU 处于执行指令阶段时,CPU 中的取指令的部件处于空闲状态。为了充分利用 CPU 中的不同部件,可以在当前执行指令的执行阶段同时进行下一条指令的取指令操作,使它们在执行时间上实现重合,从而提高指令的执行速度。其原理如图 3-4 所示。

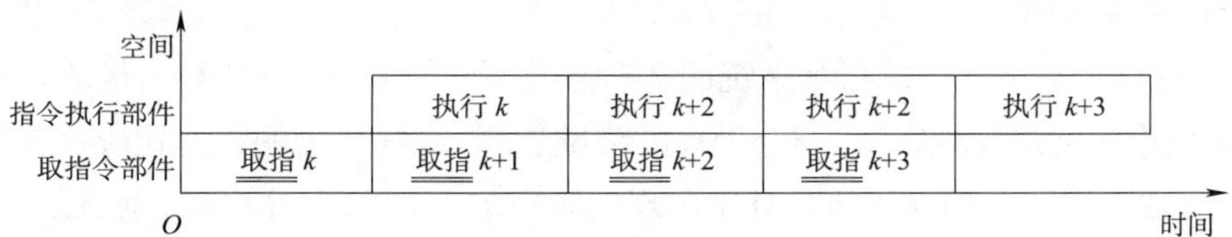

图 3-4　流水线技术原理图

流水线技术的特点：

(1)流水线操作不能加快任何一条指令的执行的过程，但可以加快连续一串指令的执行过程。

(2)在流水线中处理的必须是连续的任务，只有连续的任务才能充分发挥流水线的效率。

(3)把一个任务(一条指令)分解为几个有联系的子任务，每个子任务由一个专门的功能部件来实现。

(4)在流水线中的每一个功能部件的后面都要有一个缓冲寄存器，用于存放本段的执行结果。

(5)流水线中的各段的执行时间应尽量相等。

(6)流水线需要有"装入时间"和"排空时间"，只有流水线完全充满时，整个流水线的效率才能得到充分发挥。

(7)为了更快地提高 CPU 的执行速度，可以将一条指令的执行过程分割为更多的阶段，使不同的指令之间具有更多的重合时间；或者采用多流水线技术，即在 CPU 中设计多条取指令流水线和执行指令流水线。

2)Cache 技术

Cache 又称高速缓存。使用 Cache 的目的是为了弥补 CPU 与主存之间的速度差异，从而提高 CPU 访问数据的存取速度。

一般的计算机均采用二级 Cache 技术，在 CPU 中设置一级 Cache，在 CPU 与主存之间再设置一级 Cache。Cache 一般由速度明显高于 DRAM 的 SRAM 构成。

Cache 全部采用硬件来调度，其不仅对应用程序员是透明的，而且对系统程序员也是透明的。在一般情况下，无论是应用程序员还是系统程序员均看不到系统中有 Cache 的存在，更不知道系统中采用了几级 Cache。

3)RISC 技术

目前，计算机的指令系统的优化设计呈现出两个截然相反的方向。一个是增强指令的功能，设置一些功能复杂的指令，把一些原来由软件实现的、常用的功能改用硬件的指令来实现，称为复杂指令系统计算机(Complex Instruction Set Computer，CISC)。另一个是尽量简化指令功能，只保留那些功能简单的指令，而将一些功能较复杂的指令用一段子程序来实现，称为精简指令系统计算机(Reduced Instruction Set Computer，RISC)。

(1)RISC 的提出。

RISC 的提出基于计算机指令系统的 2-8 定律。尽管 CISC 中具有大量的指令，但各种指令的使用频度差异性很大。对 CISC 的测试表明，最常使用的一些比较简单的指令，仅占指令总数的 20%，但在程序设计中出现的频率却占到 80%；而 80% 的较复杂的指令在程序设计中出现的频率只占到 20%，特别是一些很复杂的指令，其使用的频率极少。

(2)RISC 的特点。

①设计时尽量选取使用频率最高的一些简单指令，指令的种类较少，一般不超过

128 种。

②指令的长度固定，并采用三地址指令格式，指令长度一般为 32 位。

③指令的格式种类较少，一般不超过 4 种。

④指令寻址方式种类较少，一般不超过 4 种。

⑤CPU 中的所有操作，除了访问存储器的取数和存数指令外，其余指令的操作都应在寄存器之间进行。

⑥CPU 中有一个较大的通用寄存器组，通用寄存器的数量至少为 32 个。

⑦大部分指令可以在一个机器周期内完成。

⑧控制器采用硬接线的方式。

⑨重视优化编译技术，以尽量减少程序的执行时间。

总之，减少指令的平均执行周期数是 RISC 思想的精华。

3.3 计算机软件系统的组成

只有硬件的计算机称为“裸机”，裸机是无法完成任何工作的，必须在计算机软件的配合下才能完成指定的任务。因此，计算机软件也是计算机系统不可缺少的组成部分。

软件是计算机中各种程序、文件、数据以及文档资料的总称，其中的程序都是使用某种计算机语言编写的，可完成某种指定的功能。

计算机软件分为系统软件和应用软件两大类，其具体分类如图 3-5 所示。

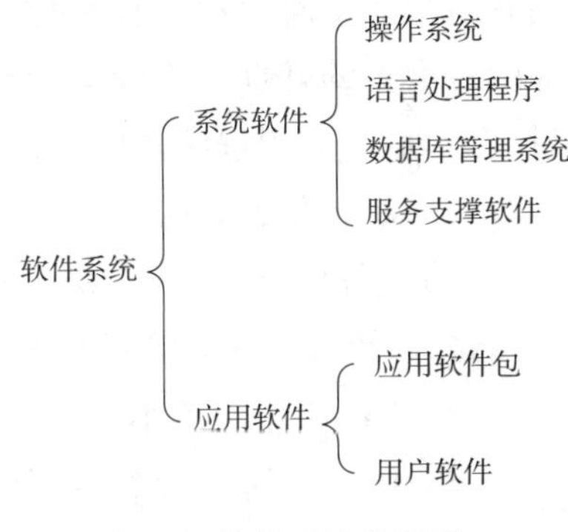

图 3-5　软件系统分类图

1. 系统软件

系统软件是计算机系统必备的软件，主要功能是对整个计算机系统进行调度、管理、监控及服务等，并支持应用软件的开发。系统软件可以分为四个方面：操作系统、语言处理程序、数据库管理系统和服务支持软件。任何与计算机打交道的用户都要用到系统软件，所有应用软件都要在系统软件的支持下开发和运行。

1）操作系统

操作系统是整个软件系统的核心。向下直接和计算机的硬件或 BIOS 相联系，向上支持其他系统软件和应用软件的运行。操作系统的任务主要包括两个方面：一是管理计算机系统的全部软硬件资源，使它们能充分发挥作用，高效率地运行；二是为计算机系统和用户之间提供接口。

当计算机配置了操作系统后，用户不再直接对计算机硬件进操作，而是利用操作系统所提供的命令和其他方面的服务去操作计算机。因此，操作系统是用户操作和使用计

算机的强有力的工具,也是用户与计算机之间的接口。微型机常用的操作系统有 DOS, Windows,Linux 等,中、大型机多用 UNIX 操作系统。

2)语言处理程序

语言处理程序是将计算机的各种语言翻译成计算机系统能够直接运行的机器指令代码,从而实现各种计算机语言程序的运行。计算机语言分为三大类:机器语言、汇编语言和高级语言。

3)数据库管理系统

数据库管理系统(Database Management System,DBMS),负责数据库中数据的组织、操纵、维护、控制、保护和服务等,从而实现数据的统一管理和共享,是数据库系统的核心。

数据库系统是在文件系统的基础之上发展而来的。在文件系统中,数据按其内容、结构和用途组织成若干命名的文件。文件一般为某一用户或用户组所有,也可提供给指定的其他用户共享。但文件系统存在五个明显的缺点:

(1)编写应用程序很不方便。应用程序设计人员必须对所用的文件的逻辑和物理结构有清楚的了解,只能使用操作系统提供的打开、关闭、读、写等几个低级的功能,所有其他的对数据的处理和管理功能都必须有应用程序员完成,不仅增加了应用程序员的工作量,也增加了应用程序员的工作复杂度和对应用程序员的要求。

(2)文件的设计很难满足多种应用程序的不同要求,其数据冗余往往是不可避免的。

(3)文件结构的每一次修改将导致应用程序的修改,因此应用程序的维护工作量很大。

(4)文件系统一般不支持文件的并发访问。

(5)由于数据缺少统一管理,在数据的结构、编码、表示格式、命名和输出格式等方面不容易做到规范化、标准化;在数据的安全和保密方面,也难以采取有效的措施。

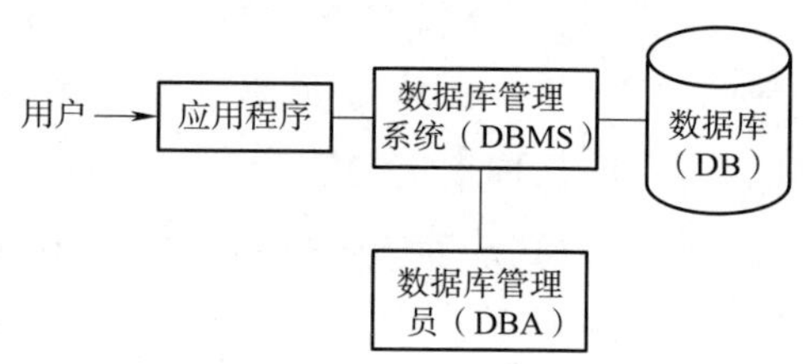

图 3-6　数据库系统的简单结构

数据库系统的简单结构图如图 3-6 所示。

数据被集中而统一地存储于数据库中,具体而言,是以一定的组织形式存储于存储介质上(一般是磁盘)。各种应用程序不是直接访问数据库中的数据,而是必须通过 DBMS 访问数据库中的数据。所有对数据库中的数据的访问和管理工作均由 DBMS 来完成。

现代的 DBMS 一般具有以下七个功能:

(1)提供高级的用户接口,允许用户使用非过程化数据库语言访问数据库中的数据。

(2)查询处理和优化。

(3)数据目录管理。

(4)并发控制,即允许多个用户并发(同时)访问数据库。

(5)恢复功能。

(6)完整性约束检查。

(7)访问控制,即根据用户的访问权限控制用户访问数据的范围和限制用户所做的操作。

根据数据库所使用的数据模型的不同,数据库系统分为三类:层次型数据库系统、网状型数据库系统和关系型数据库系统。目前流行的数据库系统一般均为关系型数据库系统,典型的数据库产品有 Oracle(甲骨文)公司的 Oracle 和 MySQL,IBM 公司的 DB2 以及 Microsoft 公司的 SQL Server、Visual FoxPro、Access 等。

4)服务支撑软件

服务支撑软件主要是一些服务型的使用软件,用于帮助用户完成系统维护的工作。如系统调试软件、故障诊断软件、错误检测软件和编辑软件等。

2. 应用软件

应用软件是软件开发人员根据用户的应用需求,针对某一类问题而采用各种计算机语言设计和开发的软件。它又分为应用软件包和用户软件两大类。

目前,应用软件常用的有以下几大类:

(1)专用计算程序,即各种专用的科学计算程序、工程结构计算和分析程序。这些都是设计研制计算机最初要解决的问题。

(2)办公处理软件,一般包括文字处理软件、电子表格处理软件、演示文稿处理软件以及其他的一些常用的处理软件等。如微软公司的 Office 套件,包含文字处理软件 Word、电子表格处理软件 Excel、演示文稿处理软件 PowerPoint、数据库处理软件 Access 等。金山公司的办公软件 WPS 套件,将文字处理软件、电子表格处理软件、演示文稿处理软件组合到了一个 WPS 软件中。

(3)信息管理软件,即用于输入、存储、修改、检索各种信息的软件,如工资、人事管理软件、图书资料自动检索系统、计划管理软件等。这种软件发展到一定水平后,各个单项的软件相互联系起来,使计算机和管理人员组成一个和谐的整体,各种信息在其中合理地流动,即可形成一个完整、高效的管理信息系统,简称 MIS(Management Informati on System,管理信息系统)。

(4)辅助设计软件,即用于高效地绘制、修改工程图纸,进行设计中的常规计算,帮助设计者寻求较好的设计方案等的软件,其中最著名的如 AutoCAD。

(5)实时控制软件,即用于随时收集生产装置、飞行器等的运行状态信息,以此为依据按预定的方案实施自动或半自动控制,可安全、准确地完成任务。

随着应用计算机领域的不断扩大、技术水平的不断提高,应用程序也越来越丰富。许多企业都逐步积累了一大批不同用途和功能的应用软件。为了使用户避免重复劳动,提高工作效率,目前人们正力图使各种应用程序标准化、模块化,并将解决某一类问题的各种程序组合成应用软件包,作为软件产品供用户选用。

当前,各种计算机软件的数量很大,由于受存储容量的限制,不可能在一台计算机中装入过多的软件,因而在一台计算机出厂时,厂家仅在其中配置一些较广泛使用的基本系统软件和少量的应用软件,而用户可视其工作的需要再逐步添置其他软件。

由于给计算机配置了各种系统软件,故不仅使机器的功能得到了很大的扩充,而且给用户使用计算机提供了很大的方便。因为用户已不再需要像过去那样直接与机器打交道,而只是通过操作系统来使用计算机,故从使用的观点上看,用户现在所见到的,已不再是一台只有硬件的机器(Bare Machine),而是一台具有更强功能、使用方便灵活的"指令系统(即各种命令)"的虚拟计算机(Virtual Computer),其组成如图 3-7 所示。

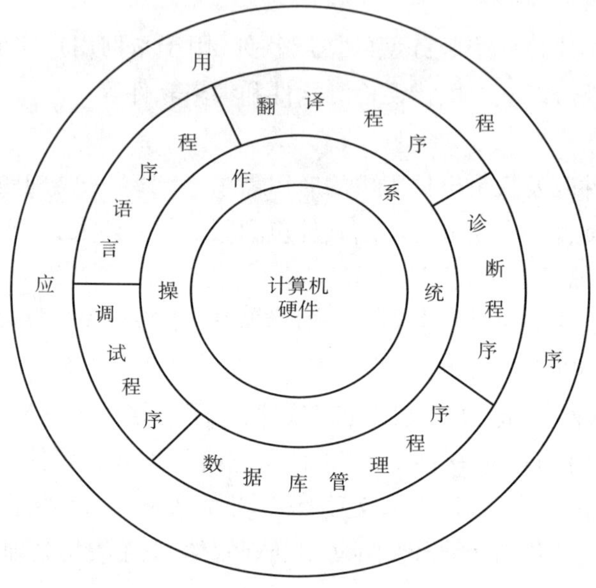

图 3-7　虚拟计算机组成

3.4　计算机系统的层次结构

由于计算机系统的硬件和软件在逻辑功能上是等效的,因此计算机系统中的硬件和软件在功能上可以相互替代。将原来计算机系统中由硬件完成的功能用软件来完成,叫硬件的软化;将原来计算机系统中由软件完成的功能用硬件来完成,叫软件的硬化。

现代计算机系统是一个十分复杂的硬件和软件相结合的整体,计算机的硬件和软件已经成为计算机系统不可分割、紧密联系的两个部分。因此,计算机的层次结构一般可以分成五个层次,如图 3-8 所示。

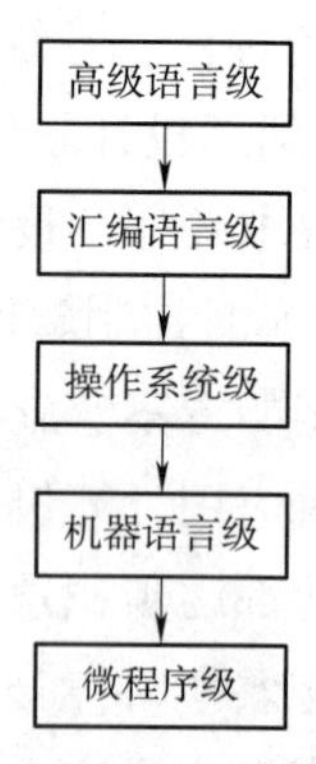

图 3-8　计算机系统的层次结构

微程序级是由硬件直接执行微指令,属于硬件级;机器语言级是由微程序解释执行机器指令系统,也属于硬件级;操作系统级是采用机器语言执行操作系统中的程序,既涉及硬件,也涉及软件;汇编语言级支持汇编语言的执行,属于软件级;高级语言级支持高级语言的执行,是面向用户的,属于软件级。

习　题

1. 1946 年首台电子数字计算机 ENIAC 问世后,冯·诺依曼(von Neumann)在研制 EDVAC 计算机时,提出两个重要的改进,它们是(　　)。

A. 采用二进制和存储程序控制的概念　　B. 引入 CPU 和内存储器的概念

C. 采用机器语言和十六进制　　D. 采用 ASCII 编码系统

2. 计算机的技术性能指标主要是指(　　)。

A. 计算机所配备的程序设计语言、操作系统、外围设备

B. 计算机的可靠性、可维性和可用性

C. 显示器的分辨率、打印机的性能等配置

D. 字长、主频、运算速度、内/外存容量

3. 一个完整的计算机系统的组成部分的确切提法应该是(　　)。

A. 计算机主机、键盘显示器和软件　　B. 计算机硬件和应用软件

C. 计算机硬件和系统软件　　D. 计算机硬件和软件

4. 运算器的完整功能是进行(　　)。

A. 逻辑运算　　B. 算术运算和逻辑运算

C. 算术运算　　D. 逻辑运算和微积分运算

5. 构成 CPU 的主要部件是(　　)。

A. 内存和控制器　　B. 内存和运算器

C. 控制器和运算器　　D. 内存、控制器和运算器

6. CPU 主要技术性能指标有(　　)。

A. 字长、主频和运算速度　　B. 可靠性和精度

C. 耗电量和效率　　D. 冷却效率

7. 下列各组软件中,全部属于应用软件的是(　　)。

A. 程序语言处理程序、数据库管理系统、财务处理软件

B. 文字处理程序、编辑程序、UNIX 操作系统

C. 管理信息系统、办公自动化系统、电子商务软件

D. Word 2010、Windows XP、指挥信息系统

8. 控制器的功能是(　　)。

A. 指挥、协调计算机各相关硬件工作

B. 指挥、协调计算机各相关软件工作

C. 指挥、协调计算机各相关硬件和软件工作

D. 控制数据的输入和输出

9. 上网需要在计算机上安装(　　)。

A. 数据库管理软件　B. 视频播放软件　C. 浏览器软件　D. 网络游戏软件

10. 下列设备组中,完全属于外围设备的一组是(　　)。

A. CD-ROM 驱动器,CPU,键盘,显示器

B. 激光打印机,键盘,CD-ROM 驱动器,鼠标

C. 主存储器,CD-ROM 驱动器,扫描仪,显示器

D. 打印机,CPU,内存储器,硬盘

11. 下列设备组中,完全属于计算机输出设备的一组是(　　)。

A. 喷墨打印机,显示器,键盘　B. 激光打印机,键盘,鼠标

C. 键盘,鼠标,扫描仪　D. 打印机,绘图仪,显示器

12. 现代微型计算机中所采用的电子器件是(　　)。

A. 电子管　B. 晶体管

C. 小规模集成电路　D. 大规模和超大规模集成电路

13. 度量计算机运算速度常用的单位是(　　)。

A. MIPS　B. MHz　C. MB/s　D. Mbit/s

14. 计算机系统软件中最核心的是(　　)。

A. 程序语言处理系统　B. 操作系统

C. 数据库管理系统　D. 诊断程序

15. 下列说法正确的是(　　)。

A. CPU 可直接处理外存上的信息

B. 计算机可以直接执行高级语言编写的程序

C. 计算机可以直接执行机器语言编写的程序

D. 系统软件是买来的软件,应用软件是自己编写的软件

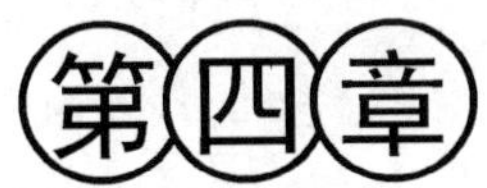

第四章 计算机存储系统

现代计算机系统都是以存储器为中心的。计算机程序在开始执行之前，必须将其和数据一起装入到存储器中；在程序的执行过程中，CPU 所需的指令是从存储器中读取的，运算器所需的原始数据也是从存储器中读取的；运算结果在程序执行完成之前，也必须全部写入到存储器中；各种输入输出设备也直接与存储器交换数据。因此，存储器是各种信息存储和交换的中心。

4.1 计算机存储系统概述

1. 存储器的功能

计算机中的存储器分为两大类：主存储器和辅助存储器。主存储器用于存储 CPU 所需处理的指令和数据，是临时存储器。一旦关闭计算机，主存储器中的数据将会丢失。辅助存储器是大容量存储器，用于永久性地存储大量数据，当计算机被关闭后，辅助存储器中的数据将不会丢失。辅助存储器中的程序和数据是以文件的形式保存的。

2. 存储器的分类

根据存储器的性能和使用方法等的不同，存储器有多种不同的分类方法。

1）按存取方式分类

按照存取方式的不同，可以将存储器分为四类：

（1）随机存储器。其特点是可以随机存取存储器中的任意一个存储单元，并且存取时间与存取单元的物理位置无关。随机存储器常用作主存或高速缓存。

（2）只读存储器。其特点是只能读出而不能写入，常用 ROM 表示。也可以随机读取存储器中的任意一个存储单元，并且读取时间与读取单元的物理位置无关。只读存储器常用于固化固定不变的系统程序。

（3）顺序存取存储器。其特点是存储器中存储的信息（一般按记录块的形式存储）只能按照顺序进行读写，信息存取的时间与信息所在的存储单元的物理位置有关，常用 SAM 表示。常用的顺序存取存储器是磁带。

(4)直接存取存储器。其特点是存储器的任何部位(如一个字节或记录块)没有实际的、连线的寻址机构,当存取信息时,必须执行两个逻辑操作:首先,直接找到存取信息所在的整个存储器的一个小区域(如磁盘上的磁道或磁头);其次,对这个小区域进行顺序读取,找到信息所在的目的块(如磁盘的磁道中的扇区);最后,对该目的块中的信息进行读写,常用 DAM 表示。这类存储器对信息的读写时间与信息的存储位置无关,但对信息的存取时间与信息的存储位置有关。最常用的直接存取存储器是磁盘存储器。

2)按存储介质分类

按照存储介质的不同,可以将存储器分为三类:

(1)半导体存储器。现代的半导体存储器均采用大规模和超大规模集成电路实现,又可分为双极型(TTL)存储器和 MOS 型存储器。双极型存储器的特点是存取速度快、功耗大、集成度低,多用作快速、小容量的存储器,如高速缓冲存储器。MOS 型存储器的特点是存取速度较慢、功耗小、集成度高,主要用作主存。

(2)磁存储器。其特点是存储容量大、位价格低、存取速度慢,主要用作辅助存储器。目前,最常用的磁存储器是磁盘存储器和磁带存储器。

(3)光存储器。其特点是存储容量大、位价格低、存取速度慢,主要用作辅助存储器。目前,最常用的光存储器是光盘存储器,如 DVD 等。

3)按信息的可保存性分类

按照信息的可保存性的不同,可以将存储器分为两类:

(1)易失性存储器。其特点是一旦断电所存储的信息将丢失。常用的易失性存储器是 RAM。

(2)非易失性存储器。其特点是断电后所存储的信息不会丢失。常用的非易失性存储器是 ROM、闪速存储器、磁存储器和光存储器。

4)按读出方式分类

按照数据读出方式的不同,可以将存储器分为两类:

(1)破坏性读出存储器。其特点是每读出一次存储单元的内容就会破坏该存储单元中原来的存储数据,因此,必须立即将被读出的数据再次写回原存储单元中(称为"再生")。

(2)非破坏性读出存储器。其特点是每读出一次存储单元的内容不会破坏该存储单元中原来的存储数据,因此,不必将被读出的数据再次写回原存储单元中。

5)按在计算机中的作用分类

按照在计算机中所起的作用不同,可以将存储器分为图 4-1 所示的类型。

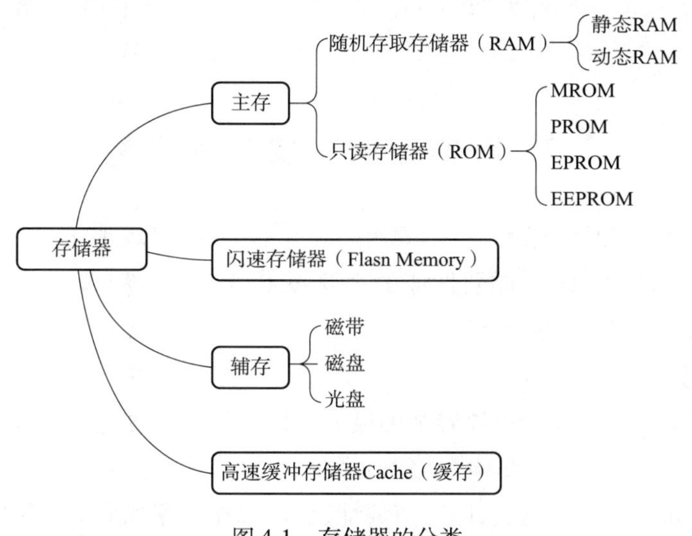

图 4-1　存储器的分类

4.2　计算机存储系统的层次结构

在计算机中,具有各种工作速度、存储容量、访问方式和用途均不相同的存储器,这些不同的存储器构成了一个存储器的层次结构,如图 4-2 所示。

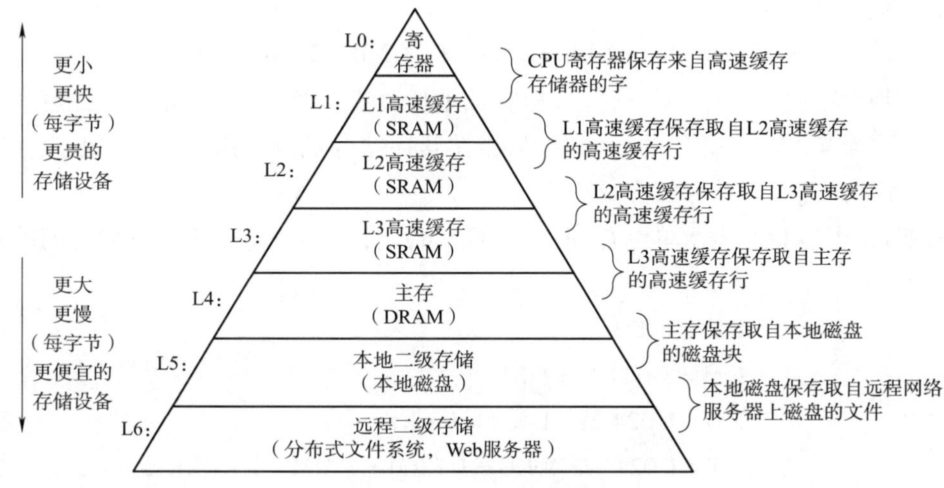

图 4-2　存储器的层次结构

在图 4-2 中,各种不同的存储器从上到下,其存储容量越来越大、位价格越来越低,但存储速度越来越慢、访问周期越来越长。

其中,通用寄存器组、指令和数据缓冲栈、一级 Cache 是在 CPU 的内部,其工作速度快;从二级 Cache(有时还有三级 Cache)以下,是在 CPU 的外部,其工作速度逐级明显降低。

对于 CPU 而言，其访问和处理的程序和数据只能直接来自于主存储器及以上的各种高速缓冲存储器。

4.3 存储器的主要技术指标

在一个计算机系统中，包含各种不同用途和性能的存储器，那么，如何衡量一个存储器性能的优劣呢？描述一个存储器性能的主要技术指标有存储容量、存取时间、存取周期、可靠性和性能价格比等方面。

1. 存储容量

存储容量是指一个存储器可以容纳的最大存储数据量。

存储容量 = 存储单元数 × 存储单元的长度

一个存储器在编址时，可以按照字节编址，也可以按照字编址；但不论按照何种方式编址，一个存储器的存储单元（又称为存储字）的大小一般为 8 的倍数，即一个存储单元总是包含若干个字节。

目前大多数的计算机，尤其是 PC，均是采用字节为单位进行编址的。一台计算机的主存储器中所能包含的最大存储单元数是由其 CPU 的地址线的位数决定的，而一般计算机的主存储器的容量是以字节为单位进行度量的。

如，某类型计算机的地址总线长度为 32 位，其主存储器按字节编址，则其主存储器的容量 S 为：

$$S = 2^{32} \times 8\ \text{bit} = 2^{32}\ \text{B} = 2^{22}\ \text{KB} = 2^{12}\ \text{MB} = 2^{2}\ \text{GB} = 4\ \text{GB}$$

一台计算机一旦设计定型以后，其 CPU 的地址总线是确定的，因此，其存储容量也是确定的；而在配置其主存储器的大小时，只能在其存储容量范围内选择。一般主存储器的实际大小要远远小于其存储容量。

目前存储器容量的表示单位有：千（K）、兆（M）、吉（G）、太（T）等。它们之间的相互关系为：

1 K = 1 024

1 M = 1 024 K = 1 KK

1 G = 1 024 M = 1 KM = 1 KKK

1 T = 1 024 G = 1 KG = 1 KKM = 1 MM = 1 KKKK

2. 存取时间

存取时间是指 CPU 对存储器完成一次读写操作所需要的时间。具体而言，就是从存储器收到有效地址开始，经过译码、驱动，直到被访问的存储单元中的内容被读出或写入为止所需的实际时间。

3. 存取周期

存取周期是指在 CPU 连续访问存储器期间相邻两次读写操作之间的最小时间间隔。

存取时间和存取周期是两个不同的概念。一般而言,存取周期 > 存取时间。

4. 可靠性

可靠性是指在规定的时间内存储器正常工作的概率。可靠性通常用平均无故障时间(MTTF)来衡量。平均无故障时间是一个统计数据。平均无故障时间越长,表示存储器的可靠性越高。

5. 性能价格比

由于存储器的大小不同,导致其总价格的不同。因此,度量存储器的价格不用其总价格表示,而是用其位价格(即存储器中一个二进制位的价格)表示。性能价格比(简称性价比)是衡量存储器性能好坏的综合性指标。

4.4 随机存储器 (RAM)

随机存储器简称 RAM,按其元器件的类型可分为静态随机存储器和动态随机存储器两大类。

1. 静态随机存储器(SRAM)

静态随机存储器,采用双稳态触发器保存数据,只要不断电,其中保存的数据就不会丢失。其特点是访问速度快,功耗大、集成度低、位价格高,因此,一般用于实现高速缓冲存储器。

2. 动态随机存储器(DRAM)

动态随机存储器采用旁路电容保存数据,即使不断电,由于旁路电容的放电特点,在经过一定的时间后,其中保存的数据也会丢失。因此,对于动态随机存储器而言,必须要对其进行定时刷新,即每隔一定的时间必须要对旁路电容进行充电,才能保持其中的数据不丢失。其特点是访问速度慢、功耗小、集成度高、位价格低,因此,一般用于实现主存储器。

4.5 只读存储器 (ROM)

只读存储器简称 ROM,可将其分为掩模只读存储器(掩模 ROM)、可编程只读存储器(PROM)、可擦除可编程只读存储器(EPROM)和电擦除可编程只读存储器(EEPROM)四大类。

只读存储器通常用于保存固定的程序和数据,如 BIOS、系统启动程序、监控程序、汉字字库以及各种表格和常数等,从而实现软件的固化或硬化。

1. 掩模只读存储器(掩模 ROM)

掩模只读存储器中的数据是由生产厂商在生产时一次性写入的。其数据一旦被写入,无论是生产厂商,还是用户,均无法对其再次进行数据写入。

掩模只读存储器在批量生产的情况下,其位价格十分低廉,因此,其适合于批量生产,但不适合于研究工作。

2. 可编程只读存储器(PROM)

可编程只读存储器是只允许用户写入一次的只读存储器。由于其采用了熔断性的写入方式,因此,对于用户而言只能对其写入一次,一旦数据写入错误,就只能抛弃。

可编程只读存储器在数据写入时的工作电压比其正常工作时的电压要高。

3. 可擦除可编程只读存储器(EPROM)

可擦除可编程只读存储器可以根据用户的需要对其进行多次写入。但擦除时是使用紫外线照射的方式进行的。

4. 电擦除可编程只读存储器(EEPROM)

EPROM 尽管可以擦除后再次进行编程写入操作,但擦除时必须使用紫外线,使用仍然不方便。而电擦除可编程只读存储器同样可以像 EPROM 一样进行多次写入操作,并且使用电擦除的方式,但其写入电压一般比正常工作电压高。当然,对于特殊的 EEPROM,可以在正常工作电压下进行写入操作。

4.6 高速缓冲存储器

由于 CPU 与主存储器之间的速度差异较大,为了能够弥补两者之间的速度差异,提高 CPU 的利用效率,目前一般计算机均在两者之间增设一个 Cache。

Cache—主存存储系统的结构图如图 4-3 所示。

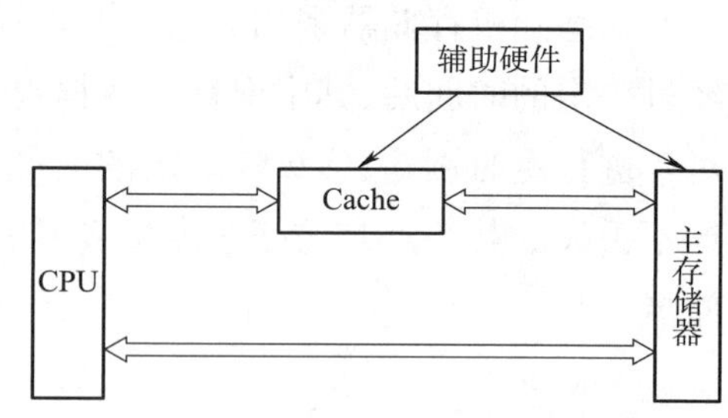

图 4-3 Cache—主存存储系统结构图

任何时候,在 Cache 中均保存主存中某一部分数据的副本,所以 Cache 并不是主存容量的扩充。当 CPU 访问主存中的数据时,将数据的主存地址同时送到主存储器和 Cache 的地址总线上。先对 Cache 进行访问,将数据的主存地址由主存—Cache 地址转换部件将其转换成 Cache 地址。如果 Cache 命中(即在 Cache 中找到该数据单元),则对 Cache 进行访问,而不访问主存中的数据。如果 Cache 没有命中,CPU 直接访问主存,同时将该数据所在的存储块调入到 Cache 中。当将主存中的数据块调入到 Cache 中时,必须使用某种替换算法用主存的新数据块来替换 Cache 中的旧数据块。

1. Cache 与主存之间地址的变换与映像方式

当主存中的数据需要调入到 Cache 中时,是以块为单位,主存中的任何一块具体是如何调入以替换 Cache 中的任何一块,就是地址映像问题。

常用的地址映像方式主要有三种:

(1)全相联映像方式。

(2)直接映像方式。

(3)组相联映像方式。

2. Cache 替换算法

常用的 Cache 替换算法主要有:

(1)先进先出算法。

每块设置一个替换计数器字段。

替换方法及计数器的管理规则是:

①被装入或被替换的块,其所属的计数器清 0,同组的其他块所属的计数器都加 1。

②需要替换时,在同组中选择计数器值最大的块作为被替换的块。

(2)近期最少使用算法。

每块设置一个替换计数器字段。

替换方法及计数器的管理规则是:

①被装入或被替换的块,其所属的计数器清 0,同组的其他块所属的计数器都加 1。

②命中的块,其所属的计数器清 0,同组中的其他所有块所属的计数器中,凡是计数器的值小于命中块所属计数器原来值的都加 1,其他计数器不变。

③需要替换时,在同组中选择计数器值最大的块作为被替换的块。

目前,Cache 一般采用高速静态存储器(SRAM)来实现。当 Cache 的命中率达到 100% 时,CPU 访问主存的速度等效于访问 Cache 的速度;当 Cache 的命中率为 0 时,CPU 访问主存的速度就不会有任何提高,Cache 也就没有任何作用。因此,CPU 访问数据的效率是由 Cache 的命中率决定的,而影响 Cache 命中率的因素主要有两个方面:一是 Cache 容量的大小,一般而言 Cache 的容量越大,其访问命中率也越大;二是替换算法的好坏,好的替换算法,其访问命中率较高。

4.7　虚拟存储器

由于主存储的价格相对较高、容量相对较小,从而限制了计算机中可运行程序的大小和数量,同时也降低了大程序的运行速度。为了能够弥补主存容量的不足,提高 CPU 的运行程序的速度,目前一般计算机均在主存储器和外部存储器之间增设一个虚拟存储器。

1. 虚拟存储器的工作原理

任何时候,在虚拟存储器中均保存外存中某一部分数据的副本,所以虚拟存储器并不是外存容量的扩充,而是主存容量的扩充。当 CPU 访问数据时,CPU 提供的是虚地址,由辅助部件判断将虚地址中的数据是否已经装入到主存中。如果主存命中(即在主存中找到该数据单元),则将虚地址转换成主存地址,然后对主存进行访问。如果没有命中,

则将包含该虚地址的数据块从外存调入到主存,然后 CPU 才能访问主存中的数据。

当将外存中的数据块调入到主存中时,必须使用某种替换算法,用外存的新数据块来替换主存中的旧数据块。

2. 虚地址与实地址(主存地址)之间的变换与映像方式

在虚拟存储系统中有三种地址空间,第一个是虚拟地址空间,是应用程序员用于编写程序的地址空间,该地址空间非常大;第二个是主存储器地址空间,也称主存地址空间、主存物理空间或实地址空间,该地址空间较小;第三个是辅存地址空间,是磁盘存储器的地址空间。对应这三个地址空间分别是三种地址,即虚拟地址(虚存地址、虚地址)、主存地址(主存实地址、主存物理地址、主存储器地址)和磁盘存储器地址(磁盘地址、辅存地址)。

地址映像就是将虚拟地址空间映像到主存地址空间。地址变换就是在程序被装入主存储器后,在实际运行时,把多用户虚拟地址转换成主存实地址(内部地址变换)或辅存地址(外部地址变换)。

根据所采用的地址映像和地址变换方式的不同,目前主要有三种虚拟存储器,并且这三种虚拟存储器的基本原理、所采用的主要技术和工作流程等基本相同。

(1)段式虚拟存储器。

(2)页式虚拟存储器。

(3)段页式虚拟存储器。

4.8 磁盘存储器

磁盘存储器是将磁性材料涂在一些金属或其他物质的表面,形成一层磁层,并利用磁性材料的两种不同的磁化状态来存储二进制信息。其特点是非易失性、高密度、大容量,但读写速度慢。

下面介绍与磁盘存储器相关的几个基本术语。

1. 扇区

扇区是磁盘上的一个扇型区域,是磁盘数据读写的基本单位,即计算机对磁盘上的数据读写每次只能读写其中的若干个扇区,其大小固定为 512 B。

2. 磁道

磁道是磁盘上的一个同心圆。对于同一个磁盘而言,尽管每个磁道的长度不同,但每个磁道的数据容量是相同的。一个磁道划分为若干个扇区。

3. 柱面

一组盘片上半径相同的同心圆构成一个柱面。一个柱面由若干个磁道构成。

4. 磁头

磁头是磁盘驱动器中读写数据的设备。只有当磁盘上的数据区域移动到磁头位置时,才能对磁盘上的数据进行读写操作。

5. 记录密度

记录密度表示在单位长度上所记录的二进制数据量。记录密度分为道密度和位密度两种。

6. 道密度

道密度是径向单位上所包含的磁道数。磁盘上的道密度是均匀的。

7. 位密度

位密度是圆周方向单位上所包含的二进制位数。磁盘上的位密度是不均匀的,离圆心越近的磁道上的位密度越大,而离圆心越远的磁道上的位密度越小。

磁盘上的数据是以文件的形式存储的。

4.9 硬盘存储器

硬盘存储器由硬盘驱动器、硬盘控制器和磁盘片组三部分组成。硬盘采用了温切斯特技术,就是将磁头与磁盘组密封封装在一起,所以,硬盘又称为温盘。

硬盘的地址格式为:

台号	柱面号	盘面号	扇区号

例 某硬盘的磁盘组共有 6 个盘片,每个盘片有两个记录面,最上和最下的两个盘面不同,存储区域的内径为 22 cm,外径为 33 cm,道密度为 40 道/cm,内层位密度为 400 b/cm,转速为 2 400 r/min。问:

(1)该硬盘共有多少个柱面。

(2)该硬盘的总存储容量是多少。

(3)该硬盘的数据传输率是多少。

(4)如果某文件长度超过一个磁道的容量,应将其记录在同一个存储面上,还是同一个柱面上。

答:

(1)柱面数 = (33 − 22)/2 × 40 = 6.5 × 40 = 220

(2)总存储容量 = 220 × 10 × 3.14 × 22 × 400 = 60 790 400 b = 7 598 800 B = 7 420 kB = 7.25 MB

(3)数据传输率 = 2 400/60 × 3.14 × 22 × 400 = 1 105 280 b/s = 138 160 B/s = 135 kB/s

(4)如果某文件长度超过一个磁道的容量,应将其记录在同一个柱面上,因为不需要重新找道,数据读写速度快。

4.10 光盘存储器

光盘存储器由光盘驱动器、光盘控制器和光盘片组成。光盘的记录介质为磁光材料,利用半导体激光器和光路系统组成的光头进行读写操作,与磁盘存储器相比,其特点是记录密度高、存储容量大、信息保存寿命长、工作稳定可靠和环境要求低等。

根据读写类型的不同,光盘可分为三类:

(1)只读光盘(CD-ROM)。

(2)一次写入型光盘(CD-R)。

(3)可重写光盘(CD-RAM)。

根据存储格式的不同,光盘可分为两类:

(1)CD 光盘,其存储容量约为 650 MB。

(2)DVD 光盘,其存储容量是 CD 光盘的 7 ~25 倍,最高容量可达 17 GB。

DVD 光盘又有五种规格:

(1)DVD-ROM——只读光盘,其用途类似于 CD-ROM。

(2)DVD-Video——家用的影音光盘,其用途类似于 Video CD(VCD)。

(3)DVD-Audio——音乐光盘,其用途类似于 CD。

(4)DVD-R——限写一次的 DVD,其用途类似于 CD-R。

(5)DVD-RAM——可多次写入的光盘。

根据读写类型的不同,光盘驱动器可分为两类:只读光驱(CD-R)和读写光驱(CD-RW,又称为“刻录机”);根据存储格式的不同,光盘驱动器可分为两类:CD 光驱和 DVD 光驱。因此,光盘驱动器有四种类型:

(1)只读 CD 光驱。

(2)只读 DVD 光驱。

(3)读写 CD 光驱。

(4)读写 DVD 光驱。

移动存储设备:

(1)U 盘,使用 Flash Memory 作为存储器,通过 USB 接口与计算机相连,可实现即插即用。

(2)移动硬盘,一般也是通过 USB 接口与计算机相连,可实现即插即用。

习　　题

1. 1 KB 的准确数值是(　　)。

A. 1 024 Bytes　　B. 1 000 Bytes　　C. 1 024 bits　　D. 1 000 bits

2. 20 GB 的硬盘表示容量约为(　　)。

A. 20 亿个字节　　B. 20 亿个二进制位

C. 200 亿个字节　　D. 200 亿个二进制位

3. 假设某台式计算机的内存储器容量为 128 MB,硬盘容量为 10 GB。硬盘的容量是内存容量的(　　)。

A. 40 倍　　B. 60 倍　　C. 80 倍　　D. 100 倍

4. 计算机技术中,下列度量存储器容量的单位中,最大的单位是(　　)。

A. KB　　B. MB　　C. Byte　　D. GB

5. 能直接与 CPU 交换信息的存储器是(　　)。

A. 硬盘存储器　　B. CD-ROM　　C. 内存储器　　D. U 盘存储器

6. 英文缩写 ROM 的中文名译名是(　　)。

A. 高速缓冲存储器　　B. 只读存储器

C. 随机存取存储器　　D. 优盘

7. 在 CD 光盘上标记有"CD-RW"字样,"RW"标记表明该光盘是(　　)。

A. 只能写入一次,可以反复读出的一次性写入光盘

B. 可多次擦除型光盘

C. 只能读出,不能写入的只读光盘

D. 其驱动器单倍速为 1 350 KB/S 的高密度可读写光盘

8. 下列各存储器中,存取速度最快的一种是(　　)。

A. RAM　　B. 光盘　　C. U 盘　　D. 硬盘

9. 下面关于随机存取存储器(RAM)的叙述中,正确的是(　　)。

A. 存储在 SRAM 或 DRAM 中的数据在断电后将全部丢失且无法恢复

B. SRAM 的集成度比 DRAM 高

C. DRAM 的存取速度比 SRAM 快

D. DRAM 常用来做 Cache 用

10. 下列叙述中,错误的是(　　)。

A. 硬磁盘可以与 CPU 之间直接交换数据

B. 硬磁盘在主机箱内,可以存放大量文件

C. 硬磁盘是外存储器之一

D. 硬磁盘的技术指标之一是每分钟的转速 rpm

11. 当电源关闭后,下列关于存储器的说法中,正确的是(　　)。

A. 存储在 RAM 中的数据不会丢失　　B. 存储在 ROM 中的数据不会丢失

C. 存储在 U 盘中的数据会全部丢失　　D. 存储在硬盘中的数据会丢失

12. 下面关于优盘的描述中,错误的是(　　)。

A. 优盘有基本型、增强型和加密型三种

B. 优盘的特点是重量轻、体积小

C. 优盘多固定在机箱内,不便携带

D. 断电后,优盘还能保持存储的数据不丢失

13. DVD-ROM 属于(   )。

A. 大容量可读可写外存储器　　B. 大容量只读外部存储器

C. CPU 可直接存取的存储器　　D. 只读内存储器

14. 下列叙述中,错误的是(   )。

A. 内存储器一般由 ROM 和 RAM 组成

B. RAM 中存储的数据一旦断电就全部丢失

C. CPU 不能访问内存储器

D. 存储在 ROM 中的数据断电后也不会丢失

15. ROM 中的信息是(   )。

A. 由计算机制造厂预先写入的　　B. 在系统安装时写入的

C. 根据用户的需求,由用户随时写入的　　D. 由程序临时存入的

16. 下列叙述中,正确的是(   )。

A. 内存中存放的只有程序代码

B. 内存中存放的只有数据

C. 内存中存放的既有程序代码又有数据

D. 外存中存放的是当前正在执行的程序代码和所需的数据

17. 配置 Cache 是为了解决(   )。

A. 内存与外存之间速度不匹配问题

B. CPU 与外存之间速度不匹配问题

C. CPU 与内存之间速度不匹配问题

D. 主机与外部设备之间速度不匹配问题

第五章 操作系统

5.1 操作系统的概念

简单地说，操作系统是专门用来管理和控制计算机系统的软件和硬件资源，以及方便用户使用计算机、提高计算机系统资源利用率。它是用户与计算机之间的接口。用户可通过操作系统使用计算机。

一个计算机系统非常复杂，包括 CPU、存储器、各种数据、文件及信息，如何让它们相互协调地工作，如何有效地管理它们，给用户提供方便的操作手段与环境，这些都是操作系统要做的事。

通常把操作系统理解成一个监督系统运行的总管程序。它负责监视系统各种资源的状悉和它们的使用情况，决定谁得到这些资源，何时获得，获得多少，并按一定方式调度和分配这些资源，并在资源被使用完毕后，再回收这些资源。

5.2 操作系统的功能

操作系统的基本任务有以下两项：首先，操作系统应管理好计算机的全部资源，尽可能地使资源充分地被利用，并有效地进行工作，这里所说的“资源”，既包括 CPU、内存、外存和 I/O 设备等硬件资源，也包括程序、数据等各种软件资源；其次，操作系统担任用户和计算机的接口，给用户提供一个清晰、简捷、易于使用的用户界面，使用户不用过问计算机硬件的具体细节，就能方便地操作使用计算机。

操作系统一般具有 CPU 管理、任务管理、存储管理、文件管理及设备管理等功能。

5.3 操作系统的分类

不同类型的计算机，其操作系统是不同的。操作系统分类有许多方法，按用户数目的多少，可分为单用户和多用户操作系统；按依赖的硬件规模，可分为大型机、中型机、小型机及微型机操作系统；按操作系统的功能，可分为批处理操作系统、分时操作系统和实时操作系统；此外，还有近几年发展起来的网络操作系统和分布式操作系统。

下面就几类常见的操作系统做简单的介绍。

(1)单用户操作系统

单用户操作系统一般是为微型计算机和简单小型机而设计的操作系统。这类计算机规模小,外设简单,计算机的全部资源为一个用户所独占。典型的单用户操作系统是MS-DOS系统。

MS-DOS操作系统是单用户单任务操作系统,Windows的早期版本是单用户多任务操作系统,如Windows 9X(95,98,ME),Windows XP,Windows 2000。

(2)多用户操作系统

对高档微型计算机、小型计算机和大型计算机,由于计算机内、外存容量大,外设较多,计算速度又快,故为了充分发挥计算机资源丰富的优势,提高计算机的使用效率,多数使用多用户操作系统。多用户操作系统除具有一般操作系统的功能外,还提供多用户分时功能。这意味着一台计算机中可安装多个用户终端,几个人在不同的终端上同时使用一台计算机,使计算机资源为大家所共享。同时,它还提供多任务功能。这就是说,每个用户可以同时进行几项工作,允许许多用户按照自己的要求给每项任务设置不同的优先权。因此,多用户操作系统是一个多用户、多任务及分时的操作系统。典型的多用户操作系统有:UNIX操作系统、Linux操作系统和Windows 7以上的操作系统等。

(3)分时操作系统

分时操作系统是这样的一种操作系统。它使计算机为一组终端用户服务,使得每个用户好像自己有一台自己请求服务的计算机,彼此并感觉不到有别的用户存在。

在分时操作系统中,通常按时间片轮转,即每道程序运行一个时间片。

分时操作系统有以下基本特征。

①多路性:分时操作系统一般带多个终端,允许若干个用户能基本上同时使用。

②独立性:用户之间彼此独立操作,互不干扰。

③及时性:用户的请求能在较短时间内得到响应。

④交互性:用户要与系统进行人机对话。

与批处理操作系统相比,分时操作系统可较好地解决用户不能直接与计算机"会话",并及时取得运行结果的弊端,但在资源利用率上,显然前者比后者高。典型的操作系统有:Windows,UNIX,Linux等。一般而言,所有的多用户或者多任务操作系统都是分时操作系统。

(4)实时操作系统

实际生活中存在大量的实时控制问题(如导弹的自动控制、工业生产的过程控制等)和实时信息处理问题(如银行系统、订票系统等)。

实时操作系统为实时控制系统和实时处理系统的统称。所谓实时,就是要求系统及时响应外部事件的请求,在规定的时间内完成对该事件的处理并控制所有实时设备和实时任务协调一致地运行。

分时操作系统通用性强,交互性强,及时性要求一般(通常数量级为 s),而实时操作系统专用性强,交互性弱,及时性要求较高(通常数量级为 ms 或 μs)。

为扩大应用范围,增强处理能力,目前有些操作系统兼有几种处理能力,且近几年来又发展起来一种共享网络资源的操作系统。称这种操作系统为网络操作系统。

典型的操作系统如:UNIX,Linux。

(5)网络操作系统

用通信线路将多台计算机相互连接起来且依据某种网络协议组成的系统被称为计算机网络。网络中的计算机可以是同型的,也可以是异型的;在地域上可以同处一地,也可以分散在相距很远的各个地方。发展计算机网络的目的,在于使网络用户共享计算机网络中的各种资源,充分发挥资源的效益。

为计算机网络配置的操作系统被称为网络操作系统。网络操作系统远比通常单机的操作系统复杂。这是因为:首先,网络中各台计算机都有各自的操作系统,而这些操作系统在种类和功能上又不尽相同,因此为了在不同计算机或终端之间正确地实现通信,就必须确定一套全网共同遵守的约定(即共同约定信息的格式、信息内容及传输的顺序等事项),称这种约定为通信协议,通信协议由网络软件执行;其次,为方便用户,网络操作系统必须提供多种网络服务,如远程录入服务、分时系统服务及文件传输服务等;最后,除进行全网的资源管理外,网络系统还应有一套确保网络可靠性、安全性的措施。

典型的网络操作系统有 Windows Server 系列,UNIX,Linux 等。

总之,网络操作系统除了应具备通常操作系统的功能外,还具有许多新的内容。

5.4 系统资源管理

操作系统对资源的管理主要有 CPU 管理、内存管理及外设管理等。本节将简单介绍操作系统资源管理中用到的一些基本方法,即 CPU 管理中的并发执行、内存管理中的虚拟存储技术及外设管理中的中断技术。

1. 并发执行

(1)程序的顺序执行

早期的计算机系统只能进行单道程序的运行。也就是说,每一次只能允许一道程序运行。当这道程序运行时,它将独立占用整个计算机系统的资源,计算机按照程序的执行步骤顺序地一步一步执行。在该程序执行完以前,其他程序只能等待。这种程序的执行方式称为程序的顺序执行。显然,在顺序执行过程中,当程序占有 CPU 资源运行时,输入输出等设备资源就闲置;当程序占用输入输出设备资源进行输入输出时,CPU 等资源就闲置。因此,程序的顺序执行方式对计算机系统资源的利用率很低。

(2)程序的并发执行

程序的并发执行是让多道程序同时运行。但是传统计算机的 CPU 只有一个(现在已

有多 CPU 的计算机系统)，每一时刻只能执行一条机器指令，故要让计算机并发执行多道程序，就需要把 CPU 资源分成很小的时间片，在每一个时间片内虽然只能执行一道程序运行但时间片规定的限度一到，就切换到另一道程序运行。这样就可以在单 CPU 上实现多道程序的并发执行。

2. 内存管理和虚拟存储技术

采用高速缓冲存储器和主存一起构成的层次结构的内存可以大大提高计算机访问内存的速度。目前操作系统的存储管理中广泛采用虚拟存储技术。虚拟存储技术可以为用户提供比实际物理内存大很多的可随机访问的内存空间。

(1)早期的存储管理技术

早期的操作系统管理内存采用的是单一的连续分区的方法。这时的内存被分为系统区和用户区。系统区用来存放系统软件，如操作系统等。用户区用来存放用户软件。单一连续分区的管理方法是：每当系统要把一个作业调入内存时，首先要检查用户区是否有足够的空间放下要调入的作业。如果有，则内存管理程序调入该作业；如果没有，则内存管理程序不调入该作业，输出相关信息后，从作业队列中重新选择下一个作业。

这样的内存管理方法缺陷很大。其中最主要的问题是，这样的内存管理方法使计算机只能使用实际安装的物理内存。

(2)虚拟存储

扩大内存的存储空间有两种方法：一种方法是扩大计算机实际安装的内存空间容量，我们把这种内存称为实际内存；另一种方法是借助外存扩大内存的容量，我们把这种方法称为虚拟存储。把实际内存的地址称为实地址或物理地址，虚拟内存的地址称为虚地址或逻辑地址。

虚拟存储的基本思想是：操作系统把外存(如硬盘)和内存上的存储空间分别编号，并建立映射关系。当程序比较大时，操作系统在开始时并不把外存中相对应的全部编号块上的程序和数据调入内存，每当要访问的数据在内存时，就直接访问；每当要访问的数据不在内存时，就首先通过内存和外存之间的映射关系，把相应编号块的数据读入内存，然后再访问该编号块上的数据。这样，通过内存和外存数据的不断交换，虽然在任何时刻可能内存中并没有存储全部用户的程序和全部数据，但并不会影响用户程序的运行。因为虚拟存储是借助外存的存储容量来扩充内存的存储容量的，而外存的存储容量是非常大的，所以虚拟存储方法可以大大扩大内存的存储容量。

(3)页式存储管理

实地址指的是实际内存中的一个实际地址。在虚拟存储中，虚地址有可能对应的是内存中的一个实际地址，也有可能对应的是外存上的一个实际地址。当把外存中的数据读入内存后，虚地址对应的也是内存中的某个实际地址。因此，虚地址是在程序运行时才能实际确定的内存地址。虚拟存储技术有很多种实现方法，各种方法之间的差别主要是实现虚地址到实地址的转换方法不同。

页式存储管理是实现虚拟存储的一种常见方法。页式存储管理实现虚实地址转换的基本方法是:把存放在外存中的程序和数据按其占用的地址空间分成大小相等的若干个页,把内存的存储空间分成与页的大小相同的若干个块,并建立每个用户程序的页表。用户程序的页表建立了该用户程序的外存页号到内存块号之间的映射关系。当用户程序占用的地址空间比较大时,可能开始时只把外存中的部分页调入内存,在程序运行时,每当要访问的页在内存时,就直接访问;当要访问的页不在内存时,就首先把相应的页调入内存,然后再访问。在外存中连续存放的若干个页,在内存中可以不连续存放。

除页式存储管理外,虚拟存储技术的实现方法还有段式存储管理、段页式存储管理等。

(4)内存的层次结构

计算机中一般采用高速缓冲存储器及主存、外存一起构成内存的层次结构。其中,主存是内存层次结构的主体,处于内存层次结构的中间;高速缓冲存储器处于内存层次结构的上部;外存处于内存层次结构的下部。其结论为:

①高速缓冲存储器与主存构成的层次结构由硬件实现,内存与外存构成的层次结构由操作系统实现。

②高速缓冲存储器与主存构成的层次结构可以大大提高内存的存取速度。

③主存与外存构成的层次结构可以大大扩大内存的存储容量。

3. 中断技术

操作系统在进行外部设备管理时会遇到两个非常大的问题:一个问题是外部设备的工作速度远比 CPU 的工作速度低;另一个问题是各个外部设备之间的工作速度快慢不同。有效地解决上述两个问题是操作系统实现外部设备管理的关键。

操作系统进行外部设备管理的基本方法是采用中断技术。中断技术可以有效地解决外部设备管理时遇到的上述两个问题。

(1)中断的概念

早期的计算机在外部设备工作时,CPU 处于空闲状态。由于外部设备的工作速度比 CPU 的工作速度慢很多,因此在这种工作方式下,宝贵的 CPU 资源白白浪费,整个计算机系统的利用效率很低。

从字面意义看,中断就是暂时停止做某件事情而转去做另一件事情(通常是更紧急的事情),当另一件事情完成后,再转回来完成先前正在做的事情。

在计算机运行程序时,既不能确定什么时间要进行外部设备工作(如输入、输出工作),也不能确定每次外部设备的完成时间。对于这种不能确定发生和结束时间的事件,我们可以借助中断的思想来进行管理。

各个外部设备的工作均是靠相应的外部设备服务程序来指挥的。所谓中断,就是计算机在运行当前程序过程中,当遇到需要紧急处理的事件时,暂停当前正在运行的程序,

转去运行处理紧急事件的程序(通常被称为中断服务程序),当处理紧急事件的程序运行结束后,再自动返回原先正在运行的程序继续运行。

数据的输入、输出是最简单的一种中断。图 5-1 给出了计算机处理输入、输出中断的处理流程。把当前正在运行的程序称为主程序。CPU 在运行主程序时,当需要输入数据或输出数据时,操作系统就向相应的输入、输出设备发出一个启动工作信号。此时,输入、输出设备进行启动的准备工作。与此同时,CPU 将继续工作。只是由于主程序需要等待输入数据或输出数据,因此处于阻塞状态,进程调度程序需要重新调度一个新的进程作为 CPU 的主程序。当输入、输出设备准备就绪后,向 CPU 发送一个中断请求信号,CPU 响应中断后,暂停当前正在运行的主程序,转到相应的中断服务程序首地址(称为中断服务程序入口)。运行中断服务程序。当中断服务程序运行结束时,CPU 再转回主程序继续运行。

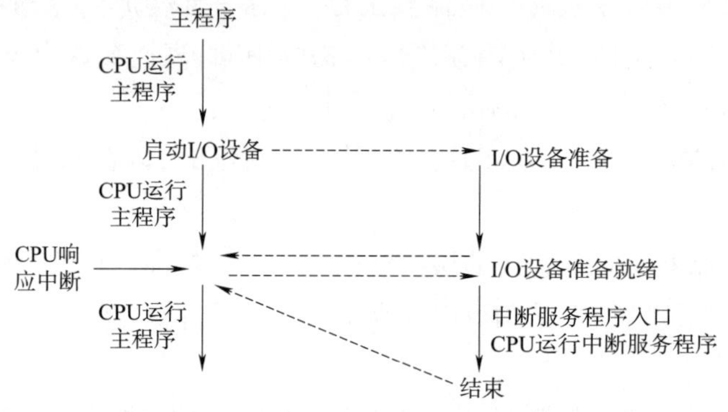

图 5-1　输入、输出中断的处理流程

在输入、输出设备进行启动的准备工作(一般这个过程需要数秒)时,CPU 在继续运行主程序(可能是另外一个进程)。因此,CPU 资源没有因输入、输出设备工作而受到影响。

(2)中断的处理过程

中断处理过程主要包括以下几个步骤。

①保护中断现场。把被中断进程的 CPU 当时环境(如 PC 的值、通用寄存器的值等)保存到内存的一个特定区间(通常被称为中断保护区)内。

②识别中断源。根据中断信号带有的特殊标记,判断出当前发生的是哪一种中断。转到相应的中断处理程序。不同的中断处理程序有不同的中断程序入口,根据识别出的中断源,转到相应的中断程序入口。

③运行中断处理程序。完成相应的中断服务功能。

④恢复中断现场。恢复保护中断现场时在中断保护区中保存的所有数值,即恢复中断处理过程第一步时保存的所有数值。

⑤返回主程序继续运行。

(3)其他的外部设备管理技术

对外部设备的管理除中断技术外,还有其他的一些技术,即主要是通道技术和外部处理机技术。简单地说,通道技术就是再设计一个独立于 CPU 的功能简单的 CPU,专门处理外部设备和主机的数据交换事务。因外部设备和主机之间的数据交换就像一个数据通道,所以把这种技术称为通道技术。外部处理机技术就是再用一台计算机来管理所有外部设备和主机之间的数据交换事务。

5.5 文件系统

操作系统实现的最重要功能之一是提供各种数据存贮管理的文件系统。计算机中的数据在内存中被分配在指定的存贮单元,在外存中按特定的格式存贮到特定的文件中。文件系统是操作系统用于明确磁盘或分区上的文件的方法和数据结构,即在磁盘上组织文件的方法。也指用于存储文件的磁盘或分区,或文件系统种类。

1. 文件类型

所有计算机中的文件可分为两种基本类型:程序文件和数据文件。程序文件包括计算机语言源文件、目标文件和可执行文件等。数据文件包括配置文件、文本文件、图形文件、声音文件、视频文件、数据库文件和备份文件等。

2. 文件命名

计算机中所有的文件必须以文件名进行区分,操作系统是根据文件名实现对文件的存储和检索的。一个完整的文件名包括三个部分内容:文件路径、主文件名和文件扩展名。如:D:\html\index. html。在任何一个操作系统中,完整的文件名必须是唯一的,即文件名不允许重名。

一般而言,文件的扩展名是具有一定的意义的,常用于表示文件的类型。因此,用户在给文件命名时,其扩展名应该合理使用,而最好不要乱定义。

常用的文件扩展名及其含义见表 5-1。

表 5-1 常见的文件扩展名及其含义

扩展名	文件类型
BAK	备份文件
BAT	批处理文件
COM	二进制代码文件
DOC	Microsoft Word 文档文件
EXE	需重定位的二进制代码文件
GIF	GIF 格式的图形文件
INI	配置文件
JPG	JPG 格式的图形文件

续表

扩展名	文件类型
SYS	系统文件
WAV	WAV 格式的声音文件
XLS	Microsoft Excel 电子表格文件
C	C 语言源程序文件
JAVA	Java 语言源程序文件
JSP	Java Server Page(服务器端网页文件)

3. 文件的组织

在目前大多数的操作系统中,文件是采用目录的形式加以管理的。也就是说,用户和操作系统可以根据需要在辅助存储器上创建目录,并将其所需和建立的文件保存至指定的目录中。当然,一个目录中仍然可以继续创建目录,即目录是可以嵌套的,从而形成了管理文件所需的树型结构。

操作系统提供的文件管理器能够帮助计算机用户方便地进行文件的定位、移动、复制、重命名和删除等常规操作。

目录:在非图型界面的操作系统中,称之为目录,如早期的 MS-DOS 操作系统、Linux 操作系统和 UNIX 操作系统等。在图型界面的操作系统中,称之为文件夹,如 Windows 操作系统。

5.6 磁盘操作系统 MS-DOS

5.6.1 DOS 基础知识

1. DOS 概述

DOS(Disk Operating System,磁盘操作系统)曾经是 PC 系列微型计算机上最广泛使用的单用户单任务操作系统,是美国 Microsoft 公司的产品,称为 MS-DOS。DOS 自面世以来曾经获得了巨大的成功,曾经成为最广泛使用的计算机操作系统之一。尽管现在已经被 Windows、Linux、Unix 等新兴的计算机操作系统取代,已经逐渐退出了历史的舞台,但 DOS 的应用学习仍然具有很好的使用意义,它可以给非图型操作系统的学习奠定良好的基础。

本节主要介绍 DOS 的基本概念和 DOS 常用命令的使用,以便读者对 DOS 操作系统有一定的了解,能够正确使用常用的 DOS 命令,也为后续课程的学习奠定一定的基础。

2. 目录和路径

1)文件通配符

在按文件名访问文件时,有时并不希望只访问一个特定的文件,而是希望能够访问符合某类条件的一批文件。这时,使用文件通配符就可以实现这一目标。

计算机中的文件通配符有两个，分别是“?”和“ * ”。这两个字符分别具有不同的含义，在使用时应注意其区别。下面将分别加以介绍。

(1)“?”代表一个任意字符

如某一磁盘上有下列三个文件：

File01. com

File02. com

File22. exe

则用 File0? . com 可以表示前两个文件。

(2)“ * ”代表一个任意字符串

任意字符串的含义包含两个方面：一是该字符串可以包含任意字符，二是该字符串的长度可以是任意长度。

如对于上例而言，用 file * . com 可以表示前两个文件，而用 file * . * 可以表示全部三个文件。

2)目录

为了实现对磁盘上的所有文件进行统一管理和方便用户使用，DOS 系统采用了树型目录结构来实现对磁盘上所有文件的组织和管理。这种树型的目录结构类似于一本书的目录，如图 5-2 所示。

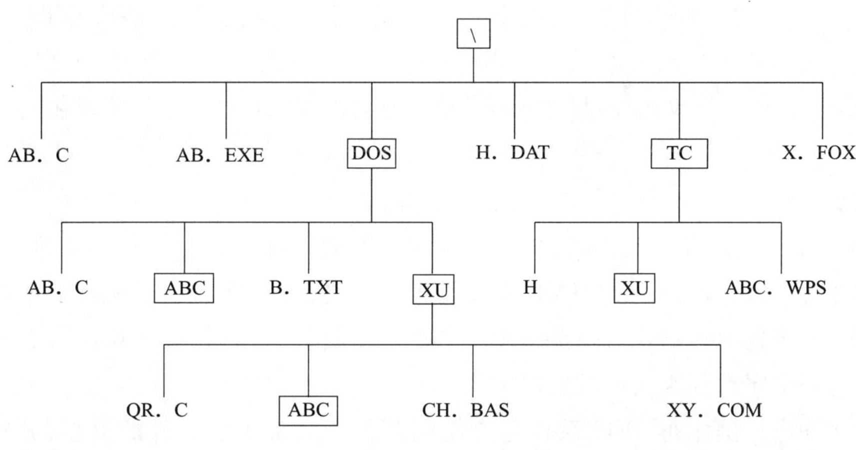

图 5-2 磁盘的树型目录结构

在上图所示的树型目录结构图中，凡是加框的都是目录，而不加框的都是文件。

使用目录的目的是实现对文件的分类管理，如可以将所有 Windows 操作系统所使用的文件存储在 Windows 目录中。

(1)根目录

树型目录结构的根部称为根目录，每个磁盘有且只有一个根目录。根目录一般用“\”表示，它是在磁盘格式化时由系统自动建立的，不需要用户自己建立。根目录下可以存放若干个文件或下一级目录(即子目录)，每一个子目录又可以包含若干个文件或下一

级目录。除根目录外,每一个子目录都要有一个名字,称为目录名。目录名的命名规则一般与文件名的命名规则相同,但目录名一般没有扩展名。如在上图中,根目录下包含有 AB. C,AB. EXE,H. DAT 和 X. FOX 四个文件以及 DOS,TC 两个子目录。

(2)父目录和子目录

通常把含有其他目录的目录称为父目录,而处于其下一级的目录称为子目录。子目录的父目录也称为该子目录的上级目录。例如,目录 XU 的父目录是 DOS 目录,其下又有子目录 ABC,可见父目录和子目录是相对而言的。DOS 系统规定在不同的目录下,文件名和目录名可以相同,这时不称之为重名,因为他们具有不同的路径。例如,根目录下文件 AB. C 与子目录 DOS 下文件 AB. C 同名,但其内容不一定相同。

(3)当前目录

计算机控制所处的目录称为当前目录。一般 MS-DOS 在当前目录中查找所需的文件。DOS 系统可在其提示符中显示当前目录的名称,如:"C:\DOS >"表示当前目录为 C 盘根目录下的 DOS 子目录。

(4)盘符与当前盘

通常微型计算机上可以安装两个软盘驱动器、多个逻辑硬盘驱动器和多个光盘驱动器。DOS 系统采用 A—Z 的字母加冒号来表示驱动器盘符,一般用"A:""B:"表示软盘驱动器,从"C:"开始表示硬盘驱动器和光盘驱动器等,而且一般硬盘驱动器在前,光盘驱动器在后。计算机控制所处的工作盘称为当前盘。例如,系统如果是从 C 盘启动的,此时系统的当前盘就是 C 盘。如果要将当前盘改为 D 盘,则可以在 DOS 的系统提示符后面输入 DOS 命令"D:",则屏幕显示 DOS 系统提示符为"D:\ >",表示现在的当前盘就是 D 盘。

(5)路径

在 DOS 系统使用某个文件时,只有知道该文件的文件名和它所存储的位置,才能查找到该文件,并使用该文件。当 DOS 系统使用某个文件时,在查找该文件时所经过的所有目录的一个序列称为路径。在路径中相邻的两个目录之间用"\"分隔。包含完整路径和文件名的一个序列称为文件的全名。

在对文件进行操作时,DOS 系统允许使用两种方式来指定文件的路径,分别称为绝对路径和相对路径。

绝对路径是指从该文件所在的磁盘根目录开始直到该文件所在目录为止的所有目录的序列。绝对路径总是从根目录开始的,因此,绝对路径表示了文件在磁盘中的绝对位置,磁盘上的所有文件都可以用绝对路径表示。

相对路径是指从该文件所在磁盘的当前目录开始直到该文件所在目录为止的所有目录的序列。相对路径总是从当前目录开始的,因此,相对路径表示了文件在磁盘中相对于当前目录的位置,当前盘上的所有文件都可以用相对路径表示。位于当前目录下的各级子目录中的文件适合于用相对路径表示,而其他位置的文件适合于用绝对路径表示。

如果被访问的文件在当前目录下,则可以省略文件的路径,直接给出文件名。因为DOS系统在访问一个文件时,首先默认在当前目录下查找该文件。如果被访问的文件不在当前目录下,则必须给出该文件的路径和文件名,除非已经在DOS系统的搜索路径下配置了该文件所在的路径。

例如:对于图5-2所示的目录结构,假设当前目录为DOS子目录,如果要分别查找XU目录下的文件QR. C和TC目录下文件ABC. WPS,则它们应使用什么样的路径进行搜索?

对于文件QR. C而言,如果使用相对路径,则其相对路径如下:

XU\QR. C

如果使用绝对路径,则其绝对路径如下:

\DOS\XU\QR. C

对于文件ABC. WPS而言,如果使用绝对路径,则其绝对路径如下:

\TC\ABC. WPS

如果使用相对路径,则其相对路径如下:

.. \TC\ABC. WPS

注意:有三个特殊的目录可以用特殊的名称表示,而可以不用其目录名表示。

(1)根目录,可以用“\”表示。

(2)当前目录,可以用“. ”表示。

(3)父目录,可以用“.. ”表示。

5.6.2 常用DOS命令

1. DOS命令的格式、分类和执行

1)命令的格式

DOS系统以DOS命令的形式向用户提供文件的管理功能。具体而言,在DOS系统的提示符后,用户可通过键盘输入相应的DOS命令并按回车键后,DOS系统就转入该命令的处理程序,负责对该命令进行执行,并返回进行结果以屏幕显示的形式给用户。每当一条DOS命令执行完毕,一般就返回到DOS提示符下。这时,用户可以再次执行新的命令。

一个完整的DOS命令格式如下:

[<盘符>][<路径>] <命令名> [<命令参数>]

其中:“< >”表示必选,“[ ]”表示可选。

命令行中的所有字母可以用大写字母,也可以用小写字母,也可以大小写混合使用。即DOS命令对大小写不敏感。

2)命令的分类

按命令程序驻留内存的情况,DOS命令可以分为内部命令和外部命令两大类。

(1)内部命令

内部命令的处理程序包含在 Command. com 文件中,在启动系统时随 DOS 系统文件装入内存并常驻在内存中。在 DOS 提示符下,只要键入命令即可立即执行。这类命令不需要指出盘符和路径,因为它们在执行时已经常驻在计算机的内存中。这类命令适用较为频繁,如常用的 DIR、MD、COPY 命令等。

(2)外部命令

外部命令的处理程序是扩展名为 com、exe 和 bat 的可执行文件,独立保存在计算机的磁盘中,在系统启动时,并不装入计算机的内存中。在执行外部命令时,必须先将相应的命令文件从磁盘装入计算机内存中,然后才能执行。因此,这类命令一般需要指出盘符和路径。如 xcopy,format,diskcopy 等命令。

由于目前 DOS 外部命令一般不再适用,因此本节主要介绍 DOS 内部命令。

3)命令的执行

(1)命令处理顺序

在同一目录中,对于主文件名相同的命令,执行时如果只键入主文件名,它执行的优先顺序是:内部命令、com 文件、exe 文件、bat 文件。如果要执行的文件优先级较低,则在命令中带上扩展名即可。例如,在同一磁盘同一目录中有文件名分别为 a. com,a. exe,a. bat 的三个文件,当输入命令 a 后,执行的命令是 a. com;如果 a. com 不存在,则执行 a. exe;如果 a. com 和 a. exe 均不存在,则执行的是 a. bat;如果三个文件都不存在,则给出出错信息"'a'不是内部或外部命令,也不是可运行的程序或批处理文件";如果三个文件都存在,但要执行 a. bat 文件,则必须输入命令 a. bat。

(2)命令的求助

DOS 设有联机帮助功能,如果对一条命令的具体格式不清楚,可以在输入该命令的命令名后,再加上"/?"参数,DOS 系统将会显示该命令的详细说明信息,如图 5-3 所示。

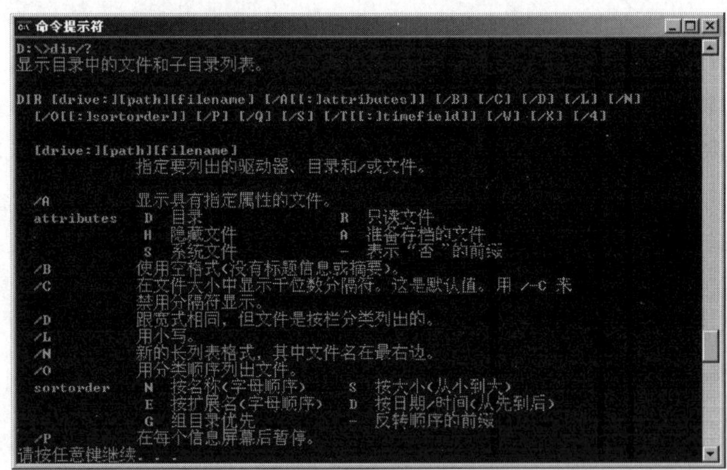

图 5-3 使用"/?"式的联机帮助功能

若在 DOS 命令提示符后直接输入 HELP 命令,DOS 系统将会显示所有 DOS 命令清单及每条命令的简要说明,如图 5-4 所示。

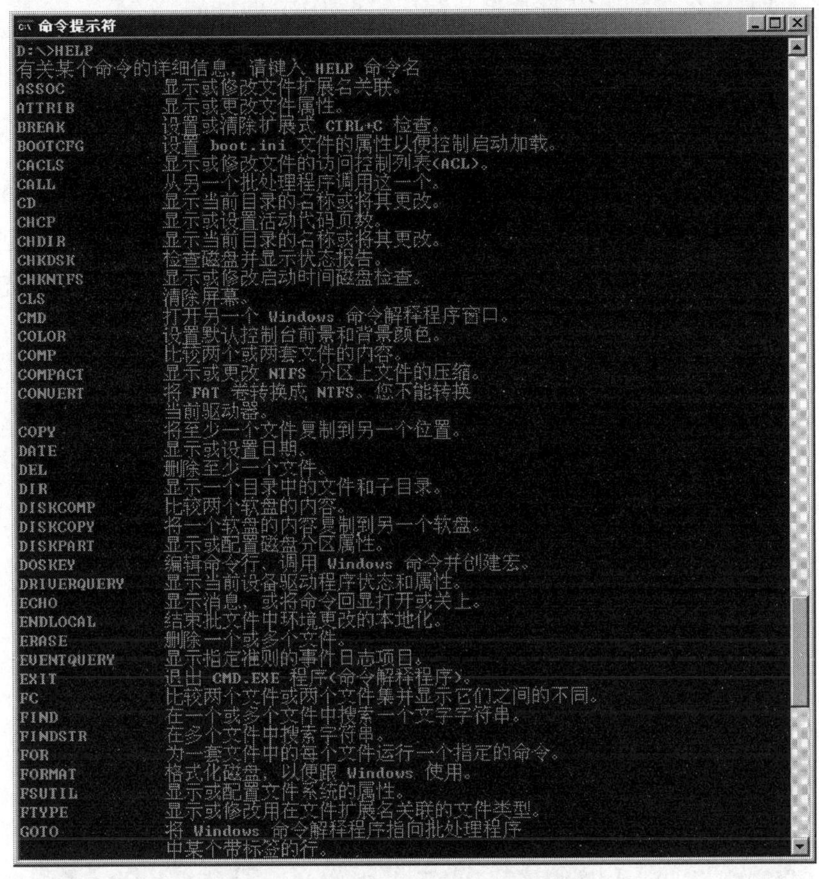

图 5-4 使用 HELP 联机帮助功能

(3)命令终止执行

一旦输入一条正确的命令后,DOS 系统将开始该命令的执行。在命令的执行过程中,用户如果想要暂停该命令的执行,可按 Ctrl + S 或 Pause 键暂停,然后按任一键可继续执行该命令;如果想要停止该命令的执行,即强行退出,可按 Ctrl + C 或 Ctrl + Break 键即可。

2. 目录操作命令

1)DIR——显示一个目录中的文件和子目录

格式:DIR [<盘符>][<路径>][<文件名>][/p][/w][/a]

功能:显示指定盘、指定目录下的文件和子目录的列表。

说明:

(1) <盘符>、<路径>指定要显示的驱动器和目录; <文件名>指定要显示的一个或一组文件。如果要显示一组文件,则必须使用文件通配符。

(2)/p 表示每次显示满一屏后暂停,按任意键可继续显示下一屏,从而实现文件列表的分屏显示。其中每一行显示一个文件或目录的有关信息,包括文件名(包括主文件名和扩展名)或目录名、类型、文件长度、建立日期和建立时间等。

(3)/w 表示按宽格式显示文件列表,每一行可显示多个文件名或目录名,最多显示五个文件名或目录名,每个只显示文件主名和扩展名或目录名,对于目录项,则在“[ ]”中显示目录名。

(4)/a 表示显示具有给定属性的文件和目录。如果省略此参数,DIR 命令将显示除隐含文件外的所有文件;如果使用该参数,但不指定属性,则 DIR 命令将显示包括隐含文件和系统文件在内的所有文件。若指定属性,则 DIR 命令显示满足指定属性范围的文件列表。

例:

(1)显示 d 盘根目录下的所有文件和子目录信息。

C:\ >dir d:\

运行结果如图 5-5 所示。

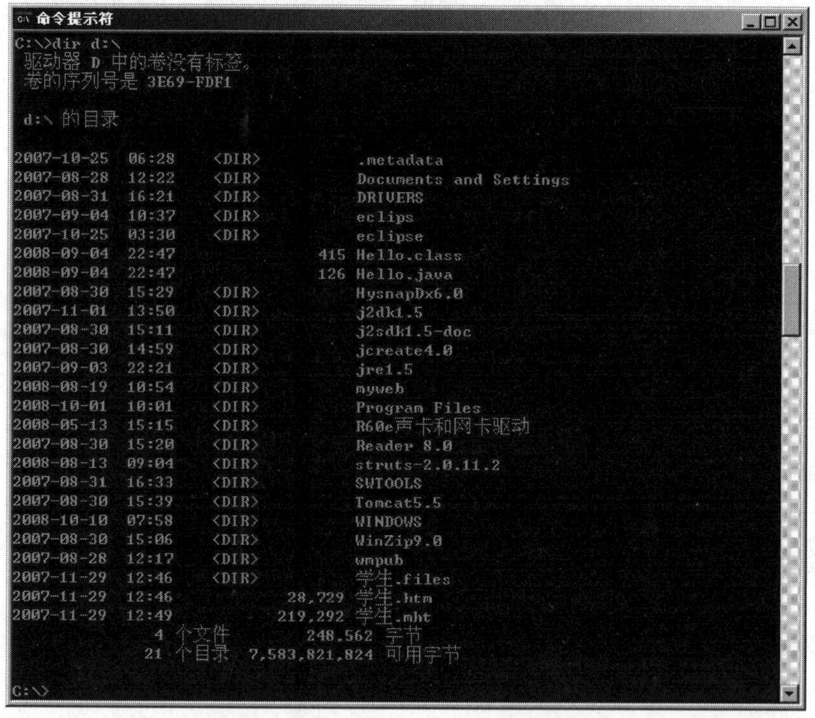

图 5-5　dir d:\命令的执行结果

(2)分屏显示 d 盘根目录下的所有文件和子目录信息。

C:\ >dir d:\/p

运行结果如图 5-6 所示。

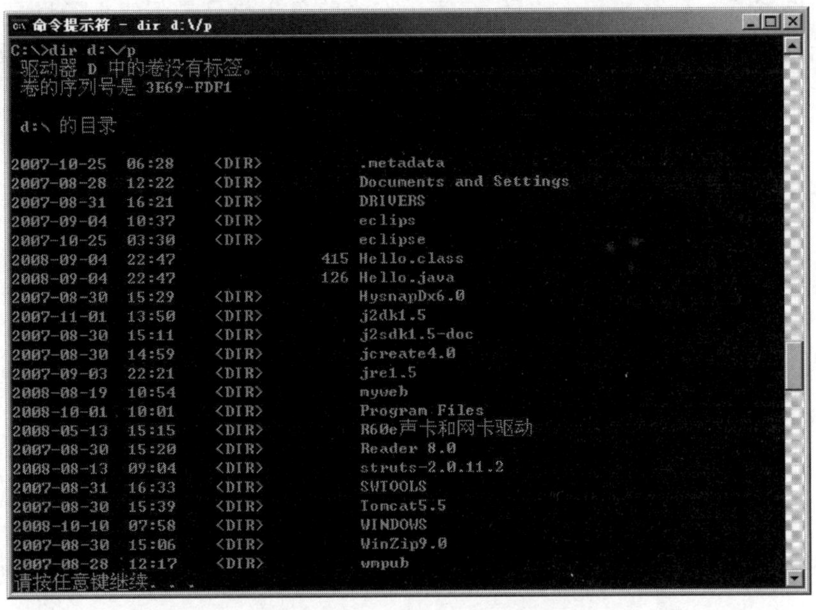

图 5-6 dir d:\/p 命令的执行结果

(3)按宽格式显示 d 盘根目录下的所有文件和子目录信息。

C:\ > dir d:\/w

运行结果如图 5-7 所示。

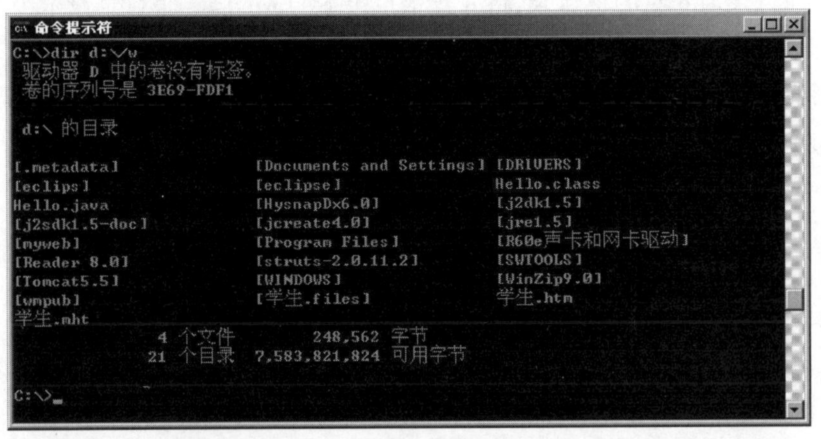

图 5-7 dir d:\/w 命令的执行结果

2)MD——新建目录

格式:MD [<盘符>][<路径>] <子目录名>

功能:在指定盘、指定路径下建立新的子目录。

说明:

(1)磁盘的根目录是由磁盘格式化时自动建立的,不能用该命令创建根目录。

(2)如果省略<盘符>和<路径>,表示在当前盘当前目录下建立子目录。

(3)如果目录已存在,DOS 将不会创建该子目录,并提示用户已有同名的子目录存在。

例:

(1)在 d 盘根目录下创建子目录 ABC。

C:\>md　d:\ABC

(2)在 ABC 子目录下再创建一个子目录 wang。

C:\>md　d:\ABC\wang

3)CD——改变当前目录

格式:CD　[<盘符>][<路径>儿<目录名>]

功能:显示或改变当前目录。

说明:

(1)CD 用于显示当前盘的当前目录的路径,而 CD　<盘符>用于显示指定盘的当前目录。

(2)CD.. 用于改变当前目录使其返回到上一级目录,“..”表示父目录。

(3)CD\用于改变当前目录为当前盘的根目录。

(4)CD　<路径>用户设定当前目录为指定的目录。

例:

(1)当前目录为 d 盘的根目录,将 d 盘根目录下的 windows 子目录设定为当前目录。

d:\>cd　windows

(2)当前目录为 d 盘的根目录,将 d 盘根目录下的 windows 子目录下的 system 设定为当前目录。

d:\>cd　windows\system

(3)当前目录为 d 盘的根目录,将 c 盘根目录下的 windows 子目录设定为当前目录。

d:\>cd　c:\windows

4)RD——删除空目录

格式:RD　[<盘符>][<路径>]<子目录>

功能:删除指定盘指定路径下的空目录。

说明:

(1)RD 只能删除空的子目录,即该目录下没有任何文件与子目录。

(2)不能删除当前目录和根目录。

(3)省略<盘符>和<路径>表示删除当前盘当前目录下的子目录。

例:

(1)当前目录为 d 盘的根目录,将 d 盘根目录下的 wang1 子目录删除。

d:\>rd　wang1

(2)当前目录为 d 盘的根目录,将 d 盘根目录下的 wang1 子目录下的 wang2 子目录删除。

d:\>rd　wang1\wang2

(3)当前目录为 d 盘的根目录,将 c 盘根目录下的 wang1 子目录删除。

d:\>rd　c:\wang1

5)TREE——查看目录结构

格式:TREE　[<盘符>][<路径>]<目录>[/F]

功能:显示指定盘指定路径下的目录结构。

说明:

/F 表示在显示目录结构时显示每个目录中的文件名称。

例:

(1)当前目录为 d 盘的根目录,显示 d 盘根目录下的目录结构。

d:\>tree

(2)当前目录为 d 盘的根目录,显示 d 盘根目录下的 wang1 子目录下的目录结构。

d:\>tree　wang1

(3)当前目录为 d 盘的根目录,显示 c 盘根目录下的 wang1 子目录下的目录结构。

d:\>tree　c:\wang1

6)PATH——设置搜索路径

格式:PATH　[<盘符>][<路径>][;<盘符>[<路径>]][;…]

功能:设置搜索外部命令文件的路径。

说明:

(1)PATH 命令中的路径与路径之间用“;”分隔,并且 PATH 命令中的“路径”一般使用绝对路径,PATH 命令中的“盘符”最好不要省略。如:

C:\>PATH　C:\;C:\DOS;C:\WINDOWS

(2)显示上次 PATH 命令设置的查找路径命令如下:

PATH

(3)删除上次 PATH 命令设置的查找路径目录命令如下:

PATH;

(4)系统中一旦通过 PATH 命令设置了查找外部命令的路径后,在使用外部命令时就不必指出外部命令文件所在的位置,也不必改变当前目录。

3. 文件操作命令

1)TYPE——显示文件的内容

格式:TYPE　[<盘符>][<路径>]<文件名>

功能:显示指定盘指定目录下的指定文件的内容。

说明:

(1)TYPE 命令一次只能显示一个文件内容,文件名不能使用通配符。

(2)文件可分为文本文件和非文本文件,文本文件即 ASCII 编码文件,一般由可显的字符和汉字组成,如 . TXT,. BAT,. SYS 等文件;而非文本文件则是由二进制代码组成,如 . EXE,. COM 文件。TYPE 命令只能显示文本文件,而且只能用来查看,而不能修改。

(3)可通过联机(Ctrl + P)或用" > "重新定向到打印机,将文本内容打印出来。

例:

(1)当前目录为 d 盘的根目录,显示 d 盘根目录下的 Student. java 文件的内容。

d:\ >type　student. java

(2)当前目录为 d 盘的根目录,显示 c 盘根目录下的 wang1 子目录下的 Student. java 文件的内容。

d:\ >type　c:\wang1 \Student. java

(3)当前目录为 d 盘的根目录,打印 c 盘根目录下的 wang1 子目录下的 Student. java 文件的内容。

d:\ >type　c:\wang1 \Student. java >prn

2)COPY——复制文件

格式:COPY　[<源盘符 >][<源路径 >] <源文件名 >　[<目标盘符 >][<目标路径][<目标文件名 >]

功能:复制一个或一批文件到指定的路径下以及合并和创建文件。

说明:

(1)使用 COPY 命令可完成以下工作:

①复制文件时不改变文件名。

②复制文件时重新命名文件。

③使用文件通配符进行一批文件的复制。

④合并多个文本文件。

⑤把从键盘上输入的内容复制到一个文件中。当要这样做时,应指定 CON 为源文件名,并指定一个目标文件。

(2)COPY 命令不会改变"源文件"中的内容。

(3)COPY 命令不允许将一个文件复制到原文件中。

(4)使用 COPY 命令时,如果与目标文件同名的文件存在,MS—DOS 将用新的复制替换已存在的文件。这时,DOS 系统将给出提示,用户可以根据提示内容选择不同的操作,如图 5-8 所示。

图 5-8　覆盖文件时的 DOS 提示

其中:Yes 表示覆盖当前文件,No 表示不覆盖当前文件,All 表示覆盖所有的文件。

例:

(1)当前目录为 d 盘的根目录,将 d 盘根目录下的 Student. java 文件复制到 d:\wang1 目录中。

d:\ > copy　student. java　d:\wang1

或

d:\ > copy　student. java　d:\wang1\student. java

(2)当前目录为 d 盘的根目录,将 d 盘根目录下的所有 . java 文件复制到 d:\wang1 目录中。

d:\ > copy　* . java　d:\wang1

(3)当前目录为 d 盘的根目录,将 d 盘根目录下的 student. java 文件和 add. java 文件的内容合并,并保存到 d:\wang1 子目录下的 StudentAndAdd. java 文件中。

d:\ > copy　student. java + add. java　d:\wang1\StudentAndAdd. java

3)REN——重命名文件

格式:REN　[<盘符 >][<路径 >] <原文件名 >　<新文件名 >

功能:改变一个或一批文件的名称。

说明:

(1)更改文件名时不许更改文件的存储位置,即 <新文件名 > 前不允许使用盘符和路径。

(2)如果新文件名已存在,该命令将不被执行,系统将提示出错信息。

例:

(1)当前目录为 d 盘的根目录,将 d 盘根目录下的 Student. java 文件改名为 myStudent. java 文件。

d:\ > ren　student. java　myStudent. java

(2)当前目录为 d 盘的根目录,将 d 盘根目录下的 wang1 子目录中的所有 . java 文件改名为 . txt 文件。

d:\ > ren　wang1\ * . java　* . txt

4)DEL——删除文件

格式:DEL　[<盘符 >][<路径 >] <文件名 >[/p]

功能:删除指定的一个或一批文件。

说明:

(1)/P 表示在删除文件之前,MS-DOS 提示用户进行确认,如图 5-9 所示。

图 5-9　删除文件时的 DOS 提示

输入 Y 键确认删除,输入 N 键则不删除。

(2)使用通配符可删除一批文件,使用时应特别谨慎,以免误删除文件。

例:

(1)当前目录为 d 盘的根目录,将 d 盘根目录下的 Student. java 文件删除。

d:\>del student. java

(2)当前目录为 d 盘的根目录,将 d 盘根目录下的 wang1 子目录中的所有 . java 文件删除。

d:\>del wang1*. java

5)ATTRIB——修改文件属性

格式:ATTRIB [+R|-R][+A|-A][+H|-H][+S|-S] [[<盘符>][<路径>]<文件名>[/s]]

功能:显示或修改文件和目录的属性。

说明:

(1)命令中无任何参数时,显示当前目录下所有文件的属性。

(2)命令中无任何属性参数时,显示指定盘指定目录下指定文件的属性,可以指定一个文件,也可以指定一批文件。

(3)对属性使用的说明如下:

①+:表示设置属性。

②-:表示清除属性。

③R:表示只读文件属性。

④A:表示存档文件属性。

⑤H:表示隐藏文件属性。

⑥S:表示系统文件属性。

(4)/S 表示处理指定目录及子目录下的所有的匹配文件。

例:

(1)显示当前目录下的所有文件的属性。

Attrib

(2)当前目录为 d 盘的根目录,显示 d 盘根目录下 wang1 子目录下的所有文件的属性。

d:\>attrib wang1*. *

(3)当前目录为 d 盘的根目录,显示 d 盘根目录下 wang1 子目录及其所有子目录下的所有文件的属性。

d:\>attrib wang1*. */s

(4)当前目录为 d 盘的根目录,将 d 盘根目录下的 wang1 子目录中的所有 . java 文件的属性设置为只读属性。

d:\ >attrib +R wang1\ *. java

4. 功能操作命令

1) DATE——设置系统日期

格式:DATE [mm-dd-yy]

功能:显示或修改系统日期。

说明:

yy 表示年,dd 表示日,mm 表示月,年、月、日之间用“-”或“/”分隔。

2) TIME——设置系统时间

格式:TIME [hh:mm:ss]

功能:显示或修改系统时间。

说明:

hh 表示小时,mm 表示分钟,ss 表示秒。

3) CLS——清除屏幕

格式:CLS

功能:清除屏幕上的所有内容,并将系统提示符显示在屏幕的左上角。

4) VER——显示 DOS 版本信息

格式:VER

功能:显示当前正在使用的 DOS 系统的版本号。

5) PROMPT——设置系统提示符

格式:PROMPT [参数]

功能:改变 MS-DOS 命令提示符。

说明:

(1)参数是希望在系统提示符中包括的提示信息,可以包含的字符组合见表 5-2。

表 5-2 系统提示符设置参数及其含义表

参数	含义	参数	含义	参数	含义
$ $	字符“ $ ”	$ p	当前的驱动器和路径	$ b	字符“ | ”
$ t	当前时间	$ v	MS-DOS 版本号	$ -	回车换行
$ d	当前日期	$ g	大于号“ > ”	$ e	ESC 字符
$ n	当前驱动器	$ l	小于号“ < ”	$ h	退格

(2)不带参数的 PROMPT 命令将命令提示符改为缺省的设置,即 c >。

(3)常用的提示符包括当前驱动器名和路径,其后加一个大于号,如 C:\Dos >。

例:

(1)将系统提示符改为当前驱动器和路径,其后加一个大于号。

Prompt　pg

(2)将系统提示符改为当前盘符,其后加一个小于号。

Prompt　nl

5. 批处理文件

在计算机的操作过程中,经常需要重复执行一组相关的命令来完成某项工作。这时,我们可以将这组命令组织在一起,保存在称为批处理的磁盘文件中,需要执行这组命令时,只要运行这个批处理文件即可。

1)批处理文件的概念

批处理文件是一个以.BAT为扩展名的ASCII文本文件,它由DOS命令、批处理子命令与其他可执行文件组成,每条命令占用一行。

2)批处理文件的建立

批处理文件是ASCII文本文件,所以它可以用所有文字处理软件来建立。

例:建立一个批处理文件,要求实现的功能如下:

(1)在c盘的根目录下建立wang子目录。

(2)在wang子目录下建立一个wang 1子目录。

(3)在wang子目录下建立一个wang 2子目录。

(4)将c盘根目录下的所有扩展名为txt的文件复制到wang 1子目录中。

(5)将wang1子目录中的所有文件复制到wang 2子目录中。

(6)将wang2子目录中的所有文件的属性设置为只读属性。

建立的批处理文件内容如下,其文件名为fileoperating. bat。

```
md    c:\wang
md    c:\wang\wang 1
md    c:\wang\wang 2
copy    c:\*.txt    c:\wang\wang 1
copy    c:\wang\wang1\*.*    c:\wang\wang 2
attrib    +r    c:\wang\wang2\*.*
```

以文件名fileoperating. bat保存该文件。

3)运行批处理文件

运行以上建立的批处理文件,只要在DOS系统提示符下输入如下内容即可。

Fileoperating

或

fileoperating. bat

习　　题

1. 组成计算机系统的两大部分是(　　)。

A. 硬件系统和软件系统　　B. 主机和外部设备

C. 系统软件和应用软件　　D. 输入设备和输出设备

2. 计算机操作系统的主要功能是(　　)。

A. 管理计算机系统的软硬件资源,以充分发挥计算机资源的效率,并为其他软件提供良好的运行环境

B. 把高级程序设计语言和汇编语言编写的程序翻译到计算机硬件可以直接执行的目标程序,为用户提供良好的软件开发环境

C. 对各类计算机文件进行有效的管理,并提交计算机硬件高效处理

D. 为用户提供方便地操作和使用计算机

3. 计算机系统软件中,最基本、最核心的软件是(　　)。

A. 操作系统　　B. 数据库管理系统

C. 程序语言处理系统　　D. 系统维护工具

4. 计算机操作系统通常具有的五大功能是(　　)。

A. CPU 管理、显示器管理、键盘管理、打印机管理和鼠标器管理

B. 硬盘管理、U 盘管理、CPU 的管理、显示器管理和键盘管理

C. 处理器(CPU)管理、存储管理、文件管理、设备管理和作业管理

D. 启动、打印、显示、文件存取和关机

5. 下面关于操作系统的叙述中,正确的是(　　)。

A. 操作系统是计算机软件系统中的核心软件

B. 操作系统属于应用软件

C. Windows 是 PC 机唯一的操作系统

D. 操作系统的五大功能是:启动、打印、显示、文件存取和关机

6. 下列选项中,完整描述计算机操作系统作用的是(　　)。

A. 它是用户与计算机的界面

B. 它对用户存储的文件进行管理,方便用户

C. 它执行用户键入的各类命令

D. 它管理计算机系统的全部软、硬件资源,合理组织计算机的工作流程,以达到充分发挥计算机资源的效率,为用户提供使用计算机的友好界面

7. 操作系统是计算机的软件系统中(　　)。

A. 最常用的应用软件　　B. 最核心的系统软件

C. 最通用的专用软件　　D. 最流行的通用软件

8. 操作系统中的文件管理系统为用户提供的功能是(   )。

A. 按文件作者存取文件　　B. 按文件名管理文件

C. 按文件创建日期存取文件　　D. 按文件大小存取文件

9. 操作系统将 CPU 的时间资源划分成极短的时间片,轮流分配给各终端用户,使终端用户单独分享 CPU 的时间片,有独占计算机的感觉,这种操作系统称为(   )。

A. 实时操作系统　　B. 批处理操作系统

C. 分时操作系统　　D. 分布式操作系统

10. 以下哪个软件不是操作系统?(   )。

A. Windows XP　　B. PowerPoint 2003

C. UNIX　　D. Linux

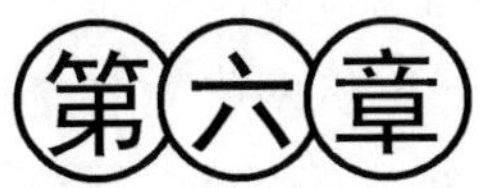

计算机网络技术

6.1　计算机网络基础知识

随着计算机技术的发展,计算机应用深入到社会的各个领域。社会信息化的发展趋势、数据的分布处理,以及各种资源共享等方面的要求,推动了计算机技术向着群体化的方向发展,促使计算机对应用技术与通信技术紧密的结合。尤其是上个世纪末,信息高速公路的发展,使得互联网成为当代人工作、学习、生活不可或缺的平台和工具;互联网发展也已经迎来了互联网+的时代,掌握计算机网络知识和技术成为人们工作和生活的必备技能。

1. 计算机网络的概念

1)计算机网络的概念

计算机网络是地理上分散的计算机资源的集合,它们彼此用传输介质互联起来,遵守共同的通信协议相互通信,使用户能够随时随地共享信息资源和交换信息。它是现代通信技术与计算机技术相结合的产物。因此,所谓计算机网络,就是使用通信线路和通信设备,将分布在不同地点的具有独立功能的多个计算机系统互相连接起来,在网络软件的支持下,实现资源共享和数据通信的计算机系统集合。

2)计算机网络的特点

20 世纪 80 年代末期,计算机网络技术进入了一个新的发展阶段,以光纤通信技术应用于计算机网络、多媒体技术、人工智能网络等为主要标志。20 世纪 90 年代至 21 世纪初又是计算机网络高速发展的时期,尤其是 Internet 网络的建立,推动了计算机网络技术的迅速普及。

计算机网络具有以下几个特点:

(1)开放式的网络体系结构,使不同软硬件环境、不同网络协议的网可以互联,真正达到资源共享、数据通信和分布处理的目标。

(2)向高性能发展。追求高速、高可靠性和高安全性,采用多媒体技术,提供文本、声音、图像等综合性服务。

(3)计算机网络的智能化,提高了网络性能和综合的多功能服务,使其能够合理地进行网络各种业务的管理,真正以分布和开放的形式向用户提供服务。

3)计算机网络的功能

计算机网络的功能主要体现在信息交换、资源共享、分布式处理3个方面。

(1)信息交换。这是计算机网络最基本的功能之一,主要完成计算机网络中各个节点之间的通信。用户可以在网上传送电子邮件,发布新闻消息,进行网络购物,网络贸易,远程教育等。

(2)资源共享。所谓资源是指构成系统的所有要素,包括软、硬件资源。如:计算处理能力、大容量磁盘、高速打印机、绘图仪、通信线路、数据库、文件和其他计算机上的相关数据信息。由于受经济和其他因素的制约,这些资源并非所有用户都能独立拥有。因此,网络上的计算机不仅可以使用自身的资源,也可以共享网络上的资源。不仅可以使用网络软件资源,还使用网络硬件资源,提高了计算机硬件的利用率。

(3)分布式处理。一项复杂的任务可以划分成多个部分,由网络内各个计算机分别完成其中的一部分,使网络计算机系统共同完成整个任务,提高复杂任务处理能力。

2. 计算机网络的分类

计算机网络按照不同的划分方式,可以分为多种类别。

1)按网络覆盖地理范围划分

计算机网络按照网络覆盖地理范围可以分为局域网、城域网和广域网。

(1)局域网(Local Area Networks,LAN)

局域网覆盖地理范围相对较小,通常是所有权属于一个单位或部门的内部网络,采用的网络技术单一,网络误码率较低,传输效率高。

如:同一建筑、同一企业、同一教室等,由部门或单位单独组建,用于共享资源和交换信息。校园网、计算机教学机房网络都是局域网。

(2)城域网(Metropolitan Area Networks,MAN)

城域网覆盖的范围介于局域网和广域网之间,可以说是局域网的集合,它所连接的计算机或其他设备一般建立在一个城市或者一个地区,范围在10 km~100 km左右。它采用的技术比局域网复杂,由于城域网覆盖范围较大,通常要使用多种类型传输介质。

(3)广域网(Wide Area Networks,WAN)

广域网是远距离、大范围的计算机网络,覆盖范围通常在100 km以上。广域网是用网络互联设备将各种类型的城域网和局域网互联起来形成的网络,范围可以遍布一个国家或整个世界。广域网一般由多个部门或多个国家联合组建,能实现大范围内的资源共享。由于广域网连接的计算机可能相隔很远,不可能像局域网一样使用专用线路连接,它一般是租用电信部门的线路来连接网络,通信速率一般要低很多,它是网络中速度最慢的网络。组成广域网的各个网络采用的技术也各不相同,因此广域网技术要复杂的多。

因特网(Internet)是典型的广域网。互联网的出现,使计算机网络将全世界连成一体。

2）按照网络传输使用的介质划分

（1）有线网络

计算机网络使用有线传输介质连接，常用的有线传输介质为同轴电缆、双绞线、光纤等。

（2）无线网络

使用无线电磁波传输网络信息，按照电磁波的波长和频率可以划分为：无线电波、微波、红外线、激光等。

除了以上两种计算机网络划分方式，还可以按照计算机网络传输速率划分为10 Mbit/s、100 Mbit/s、1 GMbit/s 网络和万兆网络；按照采用的网络技术划分为以太网络、ATM 网络、帧中继网络、FDDI 网络等，还可以按照网络拓扑结构来划分。

3. 计算机网络的拓扑结构

网络的拓扑结构是指网络的物理连接形式。把网络上的通信线路看作连线，把网络中的计算机终端、服务器、交换机、路由器、集线器等网络设备均看作网络上的一个节点，使用连线把各个节点连接起来就形成了抽象的计算机网络拓扑结构。

计算机网络中常用的拓扑结构有总线形、星形、环形、树形等，如图 6-1、图 6-2 所示。

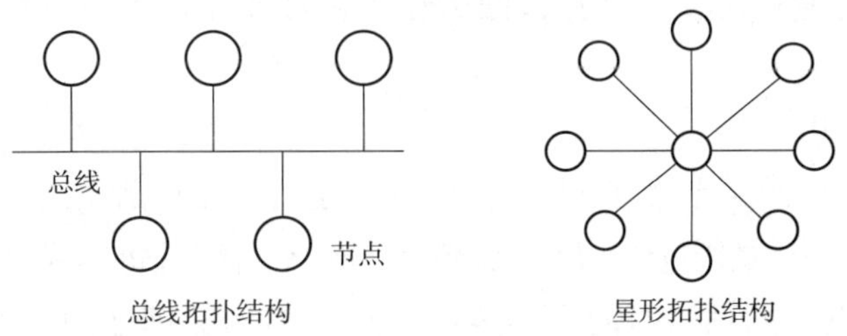

图 6-1　总线拓扑结构和星形拓扑结构

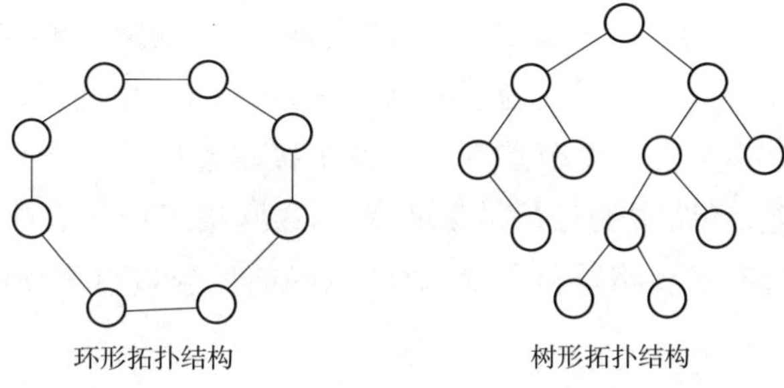

图 6-2　环形拓扑结构和树形拓扑结构

1）总线拓扑结构

总线拓扑结构是所有结点都连到一条主干电缆上，这条主干电缆称为总线。它是一种共享通道的物理结构。这种结构中任何一个结点发送的信号都可以沿总线传输，可被其他所有节点接收。它具有信息的双向传输功能，普遍用于局域网的连接，一般采用同

轴电缆作为总线拓扑中的传输介质。

优点是:安装容易,安装时,将总线连接到工作站上即可;同时灵活性好,扩充或删除一个结点很容易;布线简单,易于维护,安装费用少。

缺点是:由于信道共享,连接的节点不宜过多;故障检测需要在各节点进行,不易管理,故障诊断和隔离比较困难,并且总线自身的故障可以导致系统的崩溃。

2)星形拓扑结构

星形拓扑结构是一种以一台设备为中央节点,使用单独的线缆把若干外围节点连接起来的辐射式互联结构。各个外围节点之间不能直接通信,都必须通过中央节点进行转发。中央节点的正常运行对网络系统来说是至关重要的。中央节点一般是专门的接线设备,如:交换机、集线器等,其他外围节点是服务器或工作站等。现在构建的局域网大都以此结构为基础,采用双绞线作为连接线路。

优点是:增加或删除结点仅需要对中心节点进行配置或接入变更,所以配置灵活,结构简单,安装容易;所有的数据传送都要经过中心节点,外围节点的故障不会造成整个网络的故障;而且故障诊断与隔离比较简便,只需将故障节点的连接从中心结点对应的接口移去,便于维护和管理。

缺点是:连接电缆多,安装费用高,网络运行依赖于中心节点,中心节点的故障将导致整个网络的瘫痪。

3)环形拓扑结构

环形拓扑结构是网络节点通过一条首尾相连的通信链路连接起来的一个闭合环形结构。信号顺着一个方向从一台节点传到另一台节点,每一节点都配有一个收发器,信息在每个节点上的延时时间是固定的。这种结构特别适用于实时控制的局域网系统。

优点是:初始安装比较容易,按照传输环路进行连接,所以费用较低,电缆故障容易查找和排除。由于每个节点都有唯一对应的转发器,所以故障诊断定位比较准确。而且电缆长度短,成本低。有些网络系统为了提高通信效率和可靠性,采用了双环结构,即在原有的单环上再套一个环,使每个节点都具有两个接收通道。

缺点是:可靠性差,环路中的任何故障都将导致网络不能正常工作。在环路上增加或删除结点非常麻烦,需对线路重新布置,对节点的前后连接点重新配置。所以,扩展和灵活性较差。

4)树形拓扑结构

树形拓扑结构也称为扩展星形结构,它就像一棵倒放的树,从根节点连接到分支节点,再从分支节点继续连接到下一分层的一种结构。树形结构的特点是不存在物理环路。现在构建的网络大多数采用树形拓扑结构。

优点是:树形结构可以延伸出很多分支和子分支,容易扩展。如果某一线路或分支结点出现故障,只影响局部,故障也容易分离处理。

缺点是:整个网络对根的依赖性很大,一旦网络的根发生故障,整个系统就不能正常工作。

6.2 计算机局域网概述

本节简要介绍计算机局域网,内容包括局域网的硬件构成、局域网的通信协议以及操作系统等。

1. 局域网的硬件构成

局域网由网络硬件和网络软件两大部分组成,局域网的网络硬件由网络服务器、网络终端、网络适配器、传输介质、集线器和交换机等设备构成。

1)网络服务器

网络服务器是为网络提供共享资源并对这些资源进行管理的计算机。服务器有文件服务器、网络应用服务器、打印服务器等,其中文件服务器是最基本的。

①文件服务器的配置一般较高,它要有丰富的资源,如足够的内存、大容量的硬盘等,这些资源能为网络用户共享。文件服务器将共享数据放在大容量硬盘里,由完善的文件管理系统对文件进行统一的管理,为工作站提供完整的数据,共享主目录的文件。

②打印服务器是指安装了打印服务程序的文件服务器或专用的微机。共享打印机可接在文件服务器上或专门的打印服务器上。在多用户环境下,各个工作站上的用户直接将打印数据传送到服务器的打印队列中,再将数据传递到打印机上。

③网络应用服务器是为网络提供各种应用服务的服务器,常用的由 WEB 服务器、DHCP 服务器、Email 服务器、DNS 服务器、认证服务器等。用户可以根据局域网提供的服务搭建对应的应用服务器。

2)网络终端

网络终端是用户在网上操作的计算机。用户通过网络终端从服务器中取出程序和数据,并由网络终端来处理。

网络终端分为有盘终端和无盘终端两种。有盘终端可由其硬盘上的引导程序引导启动,与网络中的服务器连接。而无盘终端的引导程序放在网络适配器的 EPROM 中。通电后引导程序自动执行,使其与网络中的服务器连接。

3)网络适配器(NIC,Network Interface Card)

网络适配器俗称网卡,它是将服务器、网络终端连接到传输介质上并进行电信号的匹配,实现数据传输的部件。网卡有有线网卡和无线网卡之分,还有独立网卡和集成网卡之分。独立网卡是插在服务器或网络终端的独立设备,连接方式也可以直接插入主板的扩展槽或 USB 接口上;集成网卡是集成在计算机的主板上,现在计算机和服务器都标配有有线或无线集成网卡。

4）传输介质

传输介质充当网络中数据传输的通道和信号能量的载体，在很大程度上决定了网络传输速率、网络段的最大长度、传输的可靠性以及网卡的复杂性。

常用的传输介质主要有两类：有线介质和无线介质。有线介质包括双绞线、同轴电缆、光纤；无线介质包括微波、卫星和红外线等。

（1）有线传输介质

常用的有线传输介质有同轴电缆、双绞线和光纤

①同轴电缆

同轴电缆由内向外由用于传输信号的铜质导体、塑料绝缘体、用于信号屏蔽的金属屏蔽层和外护套组成。如图 6-3 所示。

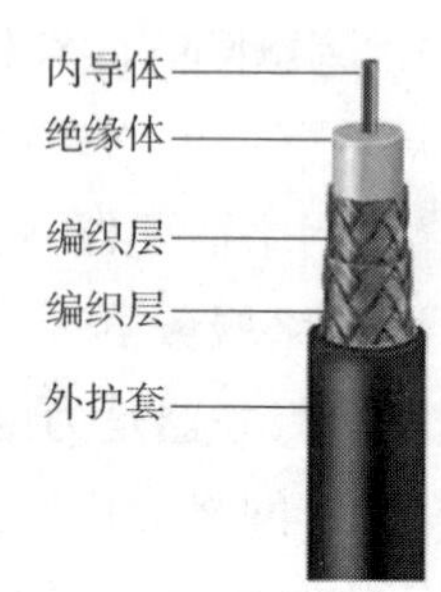

图 6-3　同轴电缆结构图

同轴电缆主要用于早期网络的构建，按规格分为粗同轴电缆和细同轴电缆之分。粗同轴电缆用于构建 10BASE-5 网络；细同轴电缆用于构建 10BASE-2 网络。其中 10 表示传输速率为 10 Mbit/s，BASE 表示基带传输，2 表示传输距离为 200 m（实际为 185 m），5 表示传输距离为 500 m。现在不再使用同轴电缆构建总线形网络。

②双绞线

双绞线是现在局域网建设室内使用最广泛的有线传输介质。它是由 8 根铜质传输导线组成的电信号传输介质，由于 8 芯导线分为 4 对，使用绿色、橙色、蓝色和棕色 4 种颜色标识，每对由有色线和白色线绞合在一起，所以称为双绞线。与不同有色线绞合在一起的白色线，都会带有对应有色的色斑以示区别。

双绞线按照性能和使用场合不同可以分为多种类别（category）：从 cat1 到 cat8。早期的类别在局域网中已经不再使用，最新的 cat8 类应用于万兆网络及更高传输速率的场合。以前在 100 Mbit/s 网络中使用 cat5 和 cat5e 类双绞线，cat5e 还应用于早期的 1 Gbit/s 网络，现在构建的局域网通常都是 1 Gbit/s 网络，最普遍使用的还是性能更佳的 cat6 及 cat6A 类线。cat5e 和 cat6 的最显著的区别是：cat5e 中间没有塑料十字骨架，芯线较细；cat6 中间有十字骨架，芯线稍粗。

每类双绞线还分为屏蔽双绞线（Shield Twisted Pair）和非屏蔽双绞线（Unshield Twisted Pair）。屏蔽双绞线在 8 芯的外面还有一层金属屏蔽层，用于屏蔽外部强磁场对内部传输信号的干扰，通常在强磁场环境下使用。非屏蔽双绞线和屏蔽双绞线如图 6-4 和 6-5 所示。

双绞线的两端使用 RJ-45 规格水晶连接头，双绞线与水晶头连接的制作遵循美国电子工业协会 EIA（ElectronicIndustries Associaction）和电信行业协会 TIA（Telecommunications Industries Associaction）制订的 EIA/ITA-568 标准，该标准分为 EIA/TIA-568A 标准和 EIA/TIA-568B 标准，这两个标准规定了双绞线与水晶接头连接的线序。

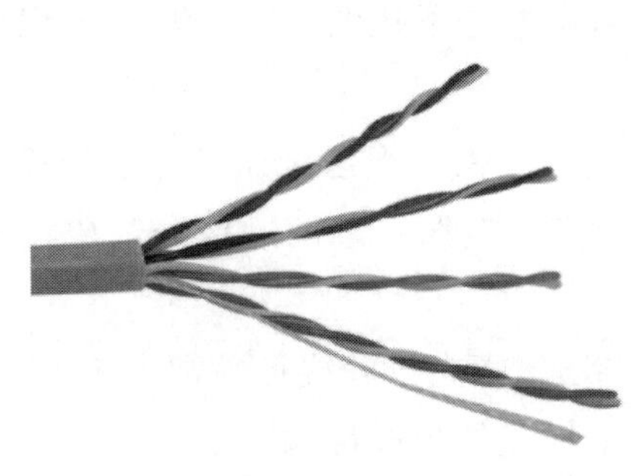

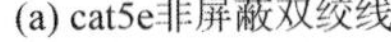

(a) cat5e非屏蔽双绞线

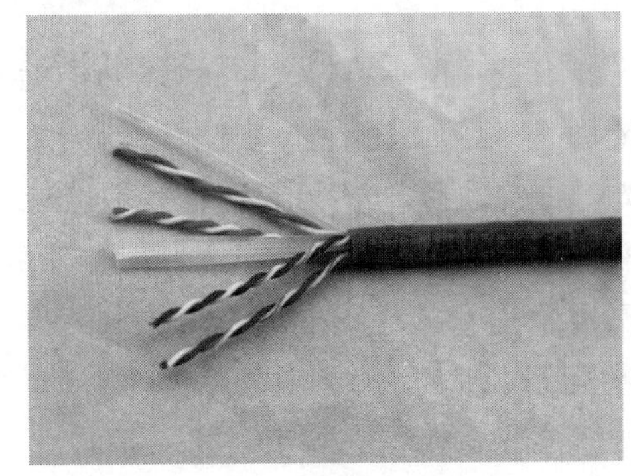

(b) cat6非屏蔽双绞线

图 6-4　非屏蔽双绞线

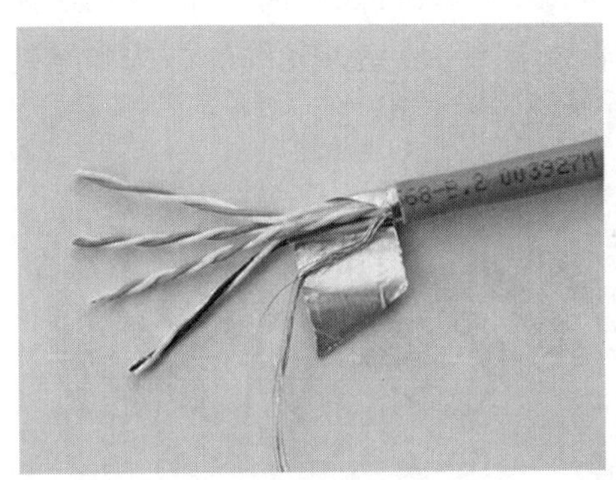

(a) cat5e屏蔽双绞线

(b) cat6屏蔽双绞线

图 6-5　屏蔽双绞线

EIA/TIA-568A 标准线序为：

白绿　绿　白橙　蓝　白蓝　橙　白棕　棕

EIA/TIA-568B 标准线序为：

白橙　橙　白绿　蓝　白蓝　绿　白棕　棕

按照 EIA/TIA-568A 和 EIA/TIA-568B 不同标准制作的连接线，可分为直通线和交叉线两种。

直通线：两端使用相同的标准制作的双绞线称为直通线。用于不同类型网络设备之间的连接。直通线有 EIA/TIA-568A 标准直通线和 EIA/TIA-568B 标准直通线，两种标准没有好坏之分，用户可以根据自己的喜好选择，但要求在同一个局域网中应该使用相同的标准。

交叉线：两端使用不同的标准制作的双绞线称为交叉线。交叉线只有一种，用于相同类型设备之间的连接。

不管是屏蔽双绞线还是非屏蔽双绞线，最大有效传输距离都是 100 m。只能在室内网络布线中使用。

③光纤

光纤则是一种使用广泛、高性能的传输介质,不受电磁干扰的影响,传输信息量大,数据传输速率高,损耗低,保密性好。

光纤中传输的是光波信号,也就是将网络数据信号转换为光信号在光纤中传输。光纤传输是基于光信号在光纤中全反射传输的原理。光纤按照纤芯的规格分为单模光纤和多模光纤。

多模光纤的线径有 50 μm 和 62.5 μm 两种规格;单模光纤的线径通常小于 10 μm。光纤的线径越小衰减越小,传输的距离也就越远。单模光纤单段传输距离可达百公里以上,还可以使用光中继器,使之传输更长的距离。

光纤根据使用的场合不同有多种类型。应用于室外的光缆,通常具有很好的保护措施,包含较多数量的纤芯,有的可以达到数百芯,应用于室外的长距离传输;应用于室内网络布线的室内光纤;应用于光纤连接的光纤跳线(尾纤)。室外光缆的结构和尾纤如图 6-6 所示。

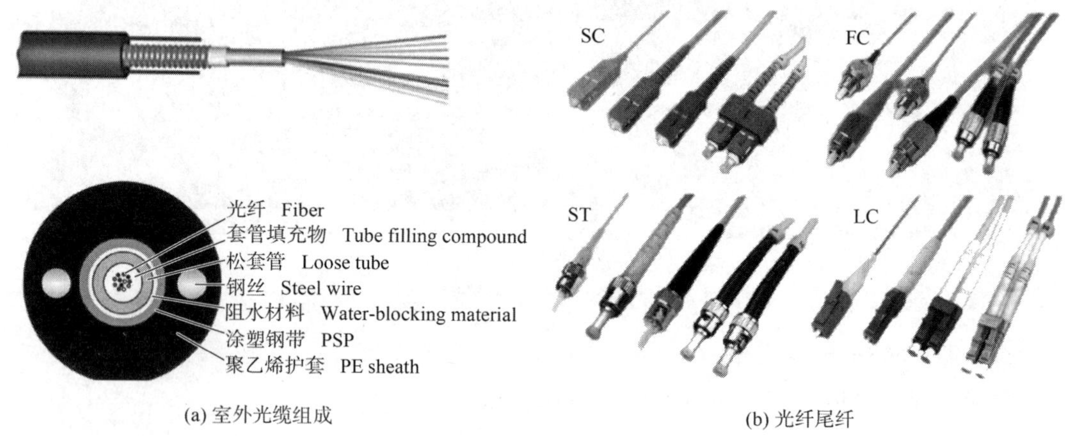

(a) 室外光缆组成　　(b) 光纤尾纤

图 6-6　室外光缆的组成和尾纤

5)集线器

集线器一般用于使用双绞线的星形网中,作为网络的中心节点来控制和管理信息的传输,具有多个 RJ-45 接口用于连接多个网络终端。由于集线器是多端口的中继器,其工作特性决定了其所有端口共享带宽,采用广播的传输方式,同时只能允许一个用户发送数据,所有用户都能收到发送的数据信息,具有传输效率低、安全性较差等特点。现在由于其使用量很小,价格已高于同档次的交换机,因此,现在网络中除非特殊需要,不再使用集线器设备。

6)交换机

交换机是多端口的网桥,工作在网络体系结构的数据链路,是连接节点的主要设备。交换机按照其存在的端口/MAC 地址对应表信息来选择性数据转发,只转发到接收端

MAC 地址所在端口,因此,交换机同一时刻允许多对用户同时进行数据交换,其性能大大高于使用集线器连接的网络。

(1)按照在网络中部署的位置和性能,可以分为以下多种类别。

①按部署的位置可分核心交换机、汇聚层交换机、接入层交换机。核心层的交换机功能强大,通常具有很宽的背板带宽和很高的端口交换速率;接入层交换机的功能较弱,但具有很高的端口密度,用于接入大量的网络终端;汇聚层交换机用于连接核心层交换机和接入层交换机,起到承上启下的作用,通常布置在每栋建筑大楼中。

②按功能可分为二层交换机、带路由功能的三层交换机和带更高层次功能的多层交换机。

③按传输速率分为 100 Mbit/s、1 Gbit/s、10 Gbit/s 交换机。

(2)生成树协议 STP

为了防止网络中产生广播风暴,交换机还自动运行生成树协议 STP(Spanning Tree Protocol),该协议会自动阻塞物理环路上的交换机端口,生成一棵逻辑上没有环路的树形拓扑结构。

生成树协议有收敛时间为 50 s 的标准生成树协议 IEEE802. 1d 和收敛时间为 4 s 的快速生成树协议 IEEE802. 1w。

(3)交换机之间的连接

交换机的连接可以采用级联和堆叠的方式。

①级联:使用交叉双绞线,连接交换机的正常端口,连接两个交换机。这种连接方式的优点是:任何交换机都可以级联,并且可以扩展网络的覆盖范围。其缺点是:两个交换机之间的级联线路是网络传输的瓶颈,同时需要占用交换机的正常端口。

②堆叠:使用专门的堆叠电缆,连接交换机的堆叠口,把若干个交换机堆叠成一个交换机。其优点是堆叠端口为交换机背板总线的扩展,因此不存在传输瓶颈问题,不占用交换机的正常端口。缺点是:不是所有的交换机都支持堆叠,必须是同一个厂家、同一型号、且提供堆叠功能的交换机才能堆叠,并且交换机堆叠的数量,不同厂家也有不同的限制。由于堆叠电缆长度很短,并不能扩展网络的覆盖范围。

(4)VLAN

为了管理方便和安全控制,采用软件方法将交换机本属于同一个网段的端口划分为不同的虚拟网络 VLAN(Virtual LAN)中,相同部门的网络终端处在同一个 VLAN,不同部门的网络终端处于不同的 VLAN。同一个 VLAN 中的终端使用交换机直接通信,不同 VLAN 之间的终端只能通过路由器才能通信,路由器可以对经由其中的数据进行很细粒度的访问控制,提高访问 VLAN 网络的安全性。

交换机 VLAN 的划分通常采用静态划分的方式,由网络系统管理员将交换机的端口固定划分到不同的 VALN 中。通常一个端口属于一个 VLAN,工作在 access 模式。如果一个端口同时属于多个 VLAN,或者说多个 VALN 数据都可以与之通信,则该终端工作在

trunk 模式（主干模式）。trunk 模式的端口主要是交换机之间级联端口，该级联端口之间的链路称为 trunk 链路。

交换机中默认都存在 VLAN1，该 VLAN 不可以改名也不可以删除，默认交换机的所有端口都属于 VLAN1。根据 IEEE802. 1q 标准，VLAN-ID（交换机 VLAN 标识）使用 12 bit 表示，最多支持 4 096 个 VLAN。

2. 局域网的通信协议

通信协议是通信双方共同遵守的一套规则。

1）网络体系结构与参考模型

网络体系结构是对构成计算机网络的各组成部分之间的关系及所要实现功能的一组定义。它对系统功能进行分解，然后定义出各个组成部分的功能，从而达到用户需求的目标。由于各种局域网的不断出现，迫切需要异种网络及不同机种互联，以满足信息交换、资源共享及分布式处理等需求，而这就要求计算机体系结构的标准化。

（1）ISO/OSI-RM 七层参考模式

1984 年，国际标准化组织（ISO）公布了一个作为未来网络协议指南的模型，该模型被称做开放系统互联参考模型 OSI（Opell Systems Interconnection），这是指导信息处理系统互联、互通和协作的国际标准。OSI 参考模型如图 6-7 所示。

参考模型从逻辑上把网络的功能分为 7 层，最底层为物理层，最高层为应用层。OSI 模型描述了信息流自上而下通过源设备的 7 层模型，再经过中介设备，然后自下而上穿过目标设备的 7 层模型。这些设备可以是任何类型的网络设备：连网的计算机、打印机、传真机以及路由器等。物理上通过机械和电气的方式将站点连接起来，组成物理通路，让数据流通过；数据链路层进行二制数据流的传输，并进行差错检测和流量控制；网络层解决多结点传送时的路由选择；传输层实现端点到端点的可靠数据传输；会话层进行两个应用进程之间的通信控制；表示层完成不同数据格式的编码之间的转换；应用层则直接为端点用户提供服务。

7 层模型有两个突出的优点：一是清晰性，各层功能界线清楚，可使复杂的网络设计简化；二是灵活性，各层相对独立，可实现模块化设计。如果修改某层协议则不会影响系统的其他部分。

（2）IEEE 的 TCP/IP 四层模型

在实际网络开发中使用的是 IEEE 的 TCP/IP 协议四层模型。该模型有应用层、传输层、网络层和网络接口层四层组成。IEEE 的 TCP/IP 四层与 ISO/OSI-RM 七层参考模型之间的对应关系是：把最重要的传输层和网络层抽取出来，仍然保持这两层，把传输层以上的三层归纳为应用层；把网络层以下的两层归纳为网络接口层。IEEE 的 TCP/IP 四层模型如图 6-7 所示。

2）以太网的通信协议

网络协议是网络系统内部信息传递及系统间通信的各种规则。在计算机网络分层

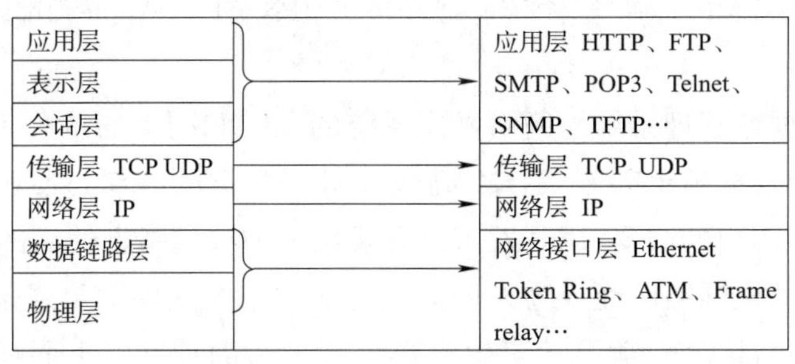

图 6-7 ISO/OSI-RM 七层参考模型和 IEEE 的 TCP/IP 四层模型的对照图

结构体系中,通常把每一层在通信中用到的规则与约定称为协议。协议是一组形式化的描述,它是计算机网络软硬件开发的依据。有人称计算机网络协议是计算机通信的语言。网络中的计算机如果要互相间进行“交谈”,就必须使用一种标准的语言,有了共同的语言,交谈的双方才能相互“沟通”。

局域网的标准化工作由国际电子与电气工程师协会(IEEE)组织的802委员会制定,自1983年开始,陆续公布了一些标准文件,形成了802系列。在802系列中,目前应用较多的是802.3系列协议,它是以太网(Ethernet)的通信协议。

3. 网络操作系统

网络操作系统 NOS(Network Operating System)负责管理网上的所有硬件资源和软件资源,使它们能协调一致地工作。目前主要的网络操作系统有 Netware,Windows Server,UNIX 和 Linux 等,它们在技术、性能、功能等方面各有所长,可以满足不同用户的需要,也分别支持多种协议,彼此之间可以互通。

网络操作系统主要由以下几部分组成。

(1)服务器操作系统

服务器操作系统是网络的心脏,它提供了网络最基本的核心功能,其中包括网络文件系统、存储器的管理和调度等。它直接运行在服务器硬件之上,以多任务并发形式高速运行,因此是名副其实的多用户、多任务的操作系统。

(2)网络服务软件

网络服务软件是运行在服务器操作系统之上的软件,它提供了网络环境下的各种服务功能。

(3)工作站软件

工作站软件是指运行在工作站上的软件。它把用户对工作站微机操作系统的请求转化成对服务器的请求,同时也接收和解释来自服务器的信息,把其转化为本地工作站微机所能识别的格式。

(4)网络环境软件

网络环境软件用来扩充网络功能,如网络传输协议软件、进程通信管理软件等。特别是网络传输协议软件,它用来实现服务器与工作站之间的连接。一个好的网络操作系

统允许在多种服务器上支持多种传输协议，如 IPX/SPX，AppleTalk，NetBIOS 及 TCP/IP 等。

另外，网络数据库管理系统是网络操作系统的助手和网上的编程工具。通过它可以将网上各种形式的数据组织起来，科学、高效地进行数据的存储、处理、传输和使用。网络应用软件是根据用户的需要，用开发工具开发出来的在网络上使用的用户软件。

当今世界，计算机网络已经成为人们信息生活中一个重要的组成部分。了解和掌握网络知识，对我们日常工作、学习乃至生活都会有极大的帮助。下面我们就来介绍网络的基本知识并学习怎样上网。

6.3 Internet 概述

Internet 一词来源于英文 Interconnect networks 即"互联各个网络"，简称"互联网络"，又叫"因特网"。它包括局域网（LAN）与广域网（WAN）。Internet 起源于 20 世纪 60 年代的美国 ARPANET，当时是为军事应用设计和研制的，目的是把不同类型的计算机互联成为网络，用以传送和共享军用信息。网络的这种连接方法，可以达到一个节点的网络遭到破坏后，其他网络仍能照常工作的目的，从而适应军事应用的特殊需要。

随着技术的发展和社会的需求，互联网从单纯的军用扩展到民用，到 80 年代，互联网上的用户迅速增加，遍及到越来越多的高等院校、科研机构、图书馆、实验室、政府机关、商业集团、医疗部门以及个人。

可以说 Internet 是世界上最大的、独一无二的网络，它包含了世界上 160 多个国家和地区成千上万的子网，拥有数以亿计的用户。Internet 是世界上发展最快的网络，没有人能说得清它到底有多大，因为它无时无刻不在发展、扩充，资源每时每刻都在增加，每分每秒都有新用户加入，Internet 又是媒体，它把世界上每一个角落都包容进来，只要你成为它的用户，就能立即从世界各地获取信息或与其他用户交流，改变了人与人之间的距离，彻底打破了人们传统的思维方式和交往方式乃至生活方式。

1. Internet 的发展

随着微波、光纤、卫星等通信技术的飞速发展及 Internet 标准协议的广泛采用，以美国为中心的互联网络迅速向全球扩展，在短短几十年的时间里，成为全世界最大的计算机网络。

Internet 在这样短的时间内能够迅速风靡全球，其根本原因有两个方面：首先在技术上，Internet 拥有卓越的网际通信功能，它将位于不同地区、不同环境、不同类型的多个网络（包括小规模的局域网、大规模的广域网），互联而构成全球性计算机网络，提供各个网络间互联与传输的规则与设施，使得不同网络间的信息可以安全、方便、自由地交换，开辟了人类信息传输和共享的新纪元；另外在功能上，Internet 是一个巨大的世界性信息资源库，正是这些不断增长的信息资源，吸引着全世界数以亿计的人们由不同的地域纷纷连入 Internet 网络。

Internet 本身所提供的一系列各具特色的应用程序(被称为服务资源),使得网络用户能够借助于这些服务,快捷地实现对网络中包罗万象的信息资源进行访问和获取,从而极大地拓宽了人们视野,增长知识,改善工作学习乃至生活的环境和条件。Internet 极大地促进了人类社会的进步和发展,为人类社会带来新的文明。

2. Internet 的中国四大主干网

我们国家与 Internet 发生联系是在 20 世纪 80 年代中期。当时主要是一些科研机构和一些涉外单位采取租用国际电话线或其他方式把自己的计算机或小型局域网附属在外国的一台计算机或一个局域网上,间接使用 Internet,主要用于收发电子邮件等小型业务。

中国正式加入 Internet 是 1994 年,由中国国家计算机和网络设施 NCFC(The National Computing and Networking Facility of China),代表中国正式向 Internet 的注册服务中心注册,标志着中国从此在 Internet 建立了代表中国的域名 CN,有了自己正式的行政代表与技术代表,意味着中国用户从此能全面地访问 Internet,并且能直接使用 Internet 的主干网 NSFnet。NCFC 连入 Internet 的技术途径是经太平洋到达美国旧金山 Sprint 公司的数据通信交换中心,再接入 NSFnet 干线,当时专线的传输率是 64 kbit/s(每秒 64 k 比特)。

NCFC 连入 Internet 只是为中国大规模与国际信息社会接轨开了一个头。我国社会经济发展、教学科研等对信息的需求迫在眉睫,建立中国的互联网,并大规模地同国际网络相互连接,享用其资源,其意义如同建设国家能源、交通等基础设施一样重要。为此,在 NIFC 的基础上,我国很快建成了国家承认的对内具有互联网络服务功能、对外具有独立国际网络出口(连接国际 Internet 信息线路)的中国四大主干网,它们分别是:

1)中国科技网——CSTNET

随着国内网络事业的飞速发展,NCFC 中的一部分(主要是中科院网络系统的一部分)与其他一些网络一起演化为中国科技网——CSTNET。CSTNET 是国家正式承认的具有最多信道出口的中国四大互联网络之一,有多条国际出口信道连接 Internet。中国科技网为非赢利、公益性网络,主要为科技界、科技管理部门、政府部门和高新技术企业服务。中国科技网已接入上万家科研院所和高新技术企业,上网用户达数以百万计。中国科技网的服务主要包括网络通信、域名注册、信息资源和超级计算等项目。

2)中国教育与科研网——CERNET

CERNET 是 China Education and Research Network 中国教育与科研网的缩写。它是政府资助的全国范围的教育与学术网络。该网在 1994 年由国家教委主持,北大(pku)、清华(Tsinghua)等十几所重点大学筹建,到 1995 年底完工并投入使用。全国大多数大学和中学的局域网都连入中国教育与科技网。中国教育与科研网的最终目标是要把全国所有大学、中学和小学通过网络连接起来。

3)金桥网——CHINAGBN

中国金桥信息网——CHINAGBN,简称金桥网,是面向企业的网络基础设施,也是国务院授权的四大互联网络之一,它是中国可商业运营的公用互联网。CHINAGBN 实行天上卫星网和地面光纤网互联互通,互为备用,可覆盖全国各省市和自治区。全国很多政府部门、企事业单位和 ISP(Internet Service Provider,Internet 服务提供商)都接入金桥网。中国金桥信息网有多条国际出口信道同国际互联网络相连。金桥网还提供多种增值服务如:国际、国内的漫游服务、IP 电话服务等。金桥工程的发展目标是覆盖全国 500 多个大城市,连接国内数万个企业,同时对社会提供开放的 Internet 接入服务。

4)中国公众互联网——CHINANET

CHINANET 是邮电部门主建及经营管理的中国公用 Internet 主干网,1994 年筹建开通,并向社会提供服务。到 1998 年,CHINANET 已经发展成一个采用先进网络技术,覆盖国内所有省份和几百个城市、拥有数百万用户的大规模商业网络。

随着入网用户的迅速增加,CHINANET 骨干网节点和省网内部通信线路的带宽也在快速增加。目前骨干网节点已普遍采用光纤专线,从而有效地改善了国内用户使用 CHINANET 访问国外的 Internet 和国外用户访问中国的 Internet 的业务质量。

CHINANET 建立了灵活的访问方式和遍布全国各城市的访问站点,用户可以方便地访问国际 Internet,享用 Internet 上的丰富资源和各种服务。

6.4 网络常见术语及基本内容

在上网的过程中,常常会遇到一些专用名词,为了让大家更快地了解网络知识,把一些常用的网络术语及基本内容简介如下。

1)网页和主页

网页就是上网以后显示的窗口。一般的网络站点要发布的信息都很多,需要分很多栏目和层次来展示,可以打开一层,再打开下一层,就像翻书一样,翻过一页再翻一页,所以就叫它网页。

主页全称是 www 主页。“主页”是指某一个 Web 节点的起始页,它就像一本书的封面或者目录,包含内容栏目和索引信息,而且拥有一个被称为“统一资源定位符”(URL)的唯一地址。通过点击它上面的目录(超级链接),就可以访问其他网页。

2)超级链接

不同网页之间的连接。用户如果制作多媒体课件,也常常会用到这个名词。点击超级链接,网络浏览器会根据链接所指的地址加载到要链接的超文本网页。

3)下载和上传

将程序或数据从计算机传送到与之相联的设备,下载通常是指将服务器上的资料复制到个人计算机上来,这是一种获取信息最便捷的方式;上传就是把个人计算机上的资料传输到服务器或网络上的其他计算机上。

4)搜索引擎

在网络上查询信息时,常常会用到各种搜索引擎,搜索引擎是一个用来搜索世界各地 Internet 网络资源的 Web 服务器。它就像一本书的目录一样显示网络上各个网点的网址,可以通过输入关键字进行搜索。搜索引擎是一位在网络信息海洋中快速找到自己所需信息的好帮手。

5)电子邮件

电子邮件是把包括文字、图像、声音、动画等多媒体信息的信件或文件,以电子数据的形式通过网络发送给对方。这是一种最便捷的利用计算机和通信网络传递信息的现代手段。我们国家最早应用 Internet 的功能就是传送电子邮件。电子邮件相对于传统邮件,内容更丰富,速度更快。要发送电子邮件,收发件人都要有 E-mail 地址即电子邮箱。

6)远程登录 Telnet

这是 Internet 最早提供的服务之一,即在网络协议的支持下,计算机可以成为远程主机的一个终端,享用远程计算机上开放的所有资源。

7)电子公告栏 BBS

这是一种交互性强、内容丰富且及时的网络信息服务系统,用户可以通过 Internet 登录 BBS 站点发布信息、参与讨论、聊天等,还可以下载软件和其他资料。

8)调制解调器

调制解调器俗称“猫”(modem),它的作用是将数字信号与模拟信号之间进行转换。将计算机的数字信号转换成模拟信号,发送到传输介质上,这叫调制;将接收到的模拟信号转换成数字信号传送给计算机,这叫解调。通过“猫”的调制解调,才能实现计算机与网络的信息交换。

9)带宽

带宽是指通信线路传输数据信号的速度。带宽越大,传输数据的速度就越快。带宽用 bit/s(bps,bit per second)计算。Modem 拨号接入电话网络的带宽最高为 56 kbit/s,使用 ADSL 接入方式可以提供 10 Mbit/s 以上的带宽,普通的以太网可以达到 1 000 Mbit/s,有线电视宽带网能提供 100 Mbit/s 的带宽,将来的高速宽带网能达到 10 GMbit/s 的带宽。

10)TCP/IP 协议

TCP/IP 协议是英文 Transmission Control Protocol/Internet Protocol 传输控制协议和互联网的缩写。它是由 IEEE(Institute of Electrical and Electronics Engineers,美国电子电气工程师协会)制定的,在 Internet 网络中使用的,一组完整的标准网络传输控制协议簇,使用其中最重要的两种协议 TCP 和 IP 协议来命名。

11)WWW

WWW 是英文 World Wide Web 的缩写俗称万维网。它是漫游 Internet 的重要工具,可以用来处理文字、图像、声音等多媒体信息。它是由许多连接到网络上的服务器组成,

并通过特定的浏览器与服务器交换信息，如微软公司的 IE 浏览器，google 公司的 Chrome 浏览器等。每一个单位、企业或个人都可以发布自己的信息主页，用以传递信息或向客户提供服务。

12）IP 地址

IP 地址是 Internet 网络中 TCP/IP 协议簇的 IP 协议使用的逻辑地址，如同家庭地址一样，IP 地址就是 Internet 给每一台计算机设定的逻辑地址。IP 协议有两个版本 IPv4 和 IPv6，早期的 IPv4 版本是 20 世纪 70 年代制订的，对网络地址空间和网络安全考虑不周，现已不适应互联网发展的需求，因此推出了性能更强的新版本 IPv6。

由于种种原因，现在仍在使用 IPv4 的版本。IPv4 的地址由 4 个字节 32 bit 组成，理论的地址空间范围有 2^{32} 个，其中有些 IP 地址有特殊用途，不可以分配给网络终端使用，因此，可用的地址范围要小于理论值。IPv4 的地址采用点分十进制方式表示，每个字节用 0～255 的十进制数表示，中间用点号分隔，如 192.168.100.100。IPv6 的地址使用 128 bit 表示，理论地址空间范围为 2^{128} 个，采用冒分十六进制方式表示，即一个字节用两位十六进制表示，字节之间使用冒号分隔。

IPV4 的地址（后面没有特别指定，都是指 IPv4 地址）由网络标识符和主机标识符两部分组成，它表明用户的主机是属于哪一个网络的哪一台计算机。用户需要使用 IP 地址向国际管理机构 ICANN（互联网名称与数字地址分配机构）申请，由其分配并授权以后才能使用，IP 地址是全球唯一的。

早期 IP 地址是采用类别方式，就是将 IP 地址分成 A，B，C，D，E 五种类别来使用，其中 A，B，C 三种类别可以分配给网络终端使用，D 类为组播地址，E 类为实验和保留地址。

①A 类地址的网络标识符由 1 个字节 8 bit 组成，并且首字节二进制位由 0 开头，因此首字节十进制范围为 0～127，除去 0.0.0.0 和 127.0.0.0（用于协议回环地址）两个网段，共有 126 个 A 类网络；主机标识符由 24 bit 组成，主机地址空间为 2^{24} 个，去除主机标识符全 0（表示本网络的网络号）和全 1（表示本网段的广播号）的 IP 地址，可以容纳 $2^{24}-2$ 个主机。

②B 类地址的网络标识符由 2 个字节 16 bit 组成，并且首字节二进制位由 10 开头，因此首字节范围为 128～191，共有 2^{14} 个 B 类网络；主机标识符由 16 bit 组成，主机地址空间为 2^{16} 个，去除主机标识符全 0 和全 1 的 IP 地址，可以容纳 $2^{16}-2$ 个主机。

③C 类地址的网络标识符由 3 个字节 24 bit 组成，并且首字节二进制位由 110 开头，因此首字节范围为 192～223，共有 2^{21} 个 C 类网络；主机标识符由 8 bit 组成，主机地址空间为 2^{8} 个，去除主机标识符全 0 和全 1 的 IP 地址，可以容纳 $2^{8}-2=254$ 个主机。

④D 类地址没有网络标识符和主机标识符之分，首字节以 1110 开头，首字节范围为 224～239。

为了方便用户搭建私有的局域网络，可以使用不必申请就可以使用的 IP 地址，这些 IP 地址在 Internet 网络上是不存在的，Internet 网络中的路由器不会转发此类地址的数据包，只能用于私有的局域网，因此称为私有地址。ICANN 规定，A 类网络中的 1 个网络（10.0.0.0/8 网段）是私有 IP 网段；B 类网络中 16 个网络（172.16-31.0.0/16 网段）是私有 IP 网段；C 类网络中 256 个网络（192.168.0-255.0/24 网段）是私有 IP 网段。

对于 IP 地址的分配，可以采用手动的静态分配方法，由用户指定固定的 IP 地址和子网掩码；也可以采用不需要人工参与的动态分配方法，由网络中的 DHCP 服务器自动动态分配 IP 地址及相关网络参数。

13）子网掩码 netmask

现在 IP 地址不再按有类别来使用，而是按照无类别使用，网络标识符和主机标识符的位数是可变的，具体由子网掩码决定。子网掩码的作用是与 IP 地址逻辑相与，获取 IP 地址中的网络标识符，根据逻辑与运算的规律，与 1 相与的值不变，因此，子网掩码是一串 1 和 0 组成的与 IP 地址长度相同的 32 bit 二进制数，也采用点分十进制方式表示或/n（网络标识符二进制位数）表示，（如 255.255.0.0 或/16）。其中 1 对应 IP 地址中网络标识符，0 对应主机标识符。标准 A 类网络的子网掩码为 255.0.0.0 或/8；标准 B 类网络的子网掩码是 255.255.0.0 或/16；标准 C 类网络的子网掩码是 255.255.255.0 或/24。

使用子网掩码的作用是与 IP 地址相与，获取该 IP 地址所在的网络号（表示网络的网络地址），如果通信双方的网络号相同，则表示双方在同一网络中，可以通过交换机直接通信，否则只能通过路由器转发才能通信。

子网掩码的另外一个重要作用是，将一个大的网络划分为若干个较小的网络，称为子网划分。其原理是将大网络中主机标识符的高位取出若干二进制位，作为子网标识符，如果取出 2 bit 可以划分 4 个子网，3 bit 可以划分 8 个子网，剩下的 n 位主机标识符位作为子网的主机标识符，容纳的主机数位 2^n-2。

也可以将若干个地址空间连续的小网络合并成一个大的网络，称为超网。

作者学校的校园网采用 IP 地址规划就是使用私有的 A 类网络 10.0.0.0/8 网段 IP 地址，子网掩码采用 255.255.255.0（/24），将 A 类网络划分为 2^{16} 个 C 类网络来使用。

14）网关（gateway）

IP 地址与对应的子网掩码相与后得到该 IP 地址的网络号，用于判断通信的双方是否在同一网段。同一网段则使用交换机直接通信，否则只能通过路由器转发后才能通信，也就是说，要将数据发送给路由器。路由器连接本网段的接口称为网关（gateway），使用 IP 地址表示，因此，网关就是本网段的出口。与其他网段终端通信时必须将数据首先发送给网关，由网关再转发到接收端。

如果确定通信双方在同一个网络，则在网络参数中可以不设置网关；如果需要与其他网络通信，则本终端的网络参数一定要设置网关。一个网段可能存在多个出口，也就是存在多个网关，如果未指定网关时默认使用的网关称为默认网关。

15）NAT

由于 Internet 中的路由器对私有 IP 地址的数据包不予转发，因此，使用私有 IP 地址

构建的局域网,即使接入到 Internet 网络也不能与其通信,成为一个个独立的孤岛。如果使用私有 IP 地址的私有局域网终端需要访问 Internet 网络,必须使用公有合法的 IP 地址。为了使私有 IP 地址的局域网也可以访问 Internet 网络,可以使用 NAT 方式,将私有 IP 地址转换为公有 IP 地址来访问互联网。

NAT 的转换方式有静态转换、动态转换和 PAT 转换三种形式。

①静态转换,就是将 n 个私有 IP 地址与 n 个公有 IP 地址一一对应,在内部使用私有 IP 地址,在外部使用公有 IP 地址,访问 Internet 网络。

②动态转换,就是 m 个共有 IP 地址对应 n 个私有 IP 地址,私有 IP 地址需要上网时向 NAT 申请,如果 NAT 有空余的公有 IP 地址,即分配给它使用,使用完毕后归还给 NAT,分配给其他申请用户使用;如果没有,则只能等待其他用户归还公有 IP 地址后再分配给它使用,只允许 m 个私有终端同时访问 Internet 网络。这样可以提高公有 IP 地址的有效利用率,解决私有网络用户上网问题。

③PAT 方式,是将一个私有 IP 地址对应一个公有 IP 地址的一个端口。网络的 TCP 协议和 UDP 协议使用端口号来表示不同的连接,端口号使用 16 bit 表示,具有 2^{16} 个端口,0 ~ 1024 端口为系统端口,供操作系统使用,50000 以下的端口为著名软件端口,用于著名软件使用,如 MSSQL 使用 TCP 协议的 1433 端口;MySQL 使用 TCP 协议 3306 端口;50000 以上的端口通常用于用户网络编程使用。

一个私有 IP 地址对应一个公有 IP 地址的一个端口,理论上私有局域网的数万个私有 IP 地址终端可以使用同一个公有 IP 地址的不同端口访问 Internet 网络,这极大地扩展了 IP 地址的利用率,这也就是 IPv4 的地址空间还可以使用的原因。

16)DNS 域名系统

IP 地址的标记方法比较难记忆。为了使基于 IP 地址的计算机在通信时能够互相识别以便于记忆,也可以用域名来标识。域名和 IP 地址之间的翻译是通过域名服务器 DNS 进行的,使得加入互联网的计算机都有自己的域名,它是 Internet 上主机的名字。域名采用层次结构,每一层构成一个子域名,子域名之间用圆点隔开。

计算机的域名通常具有如下格式。

如:www. sina. com. cn

(1)主机名。域名的第一段 www 代表具体的计算机主机名。其中,在互联网上有许多提供各种服务的主机,通常被称为服务器,用户接入互联网后就可以享受这些服务器所提供的服务。常见的互联网服务有万维网(WWW)服务、文件传输协议(FTP)、电子邮件(E-mail)及电子布告栏系统(BBS)等。主机名称一般是根据主机所提供的服务类型来命名,如:提供文件传输的主机名为 FTP,提供万维网服务的主机名称为 WWW。

(2)机构名称及类别。

域名的第二段 sina 代表机构名称。如:雅虎"yahoo",新浪"sina"等。

域名的第三段 com 指机构的性质,代表某一类机构名。

如:edu 代表教育机构

com 代表商业团体公司

gov 代表政府机构

net 代表网络管理部门

org 代表非营利性组织

ac 代表科研机构

(3)地理名称。

域名的第四段 cn 代表该计算机所在国家或地区的简称。

如:ca 代表加拿大

cn 代表中国

fr 代表法国

uk 代表英国

us 代表美国

jp 代表日本

ru 代表俄罗斯

在我国,有时机构名用行政区域名代替。行政区域名为省、自治区、直辖市的拼音缩写,如:tj(天津)、bj(北京)等。

我国最高层域名为 cn,但如果用户申请到的是顶级域名的话,则省略最高域名。

计算机和计算机之间是用 IP 地址进行通信的,域名是为了记忆方便而与 IP 地址构成了对应的关系。而实际上,计算机只识别 IP 地址的二进制代码,只有将域名翻译成 IP 地址才能正常工作,而起翻译作用的主机是域名服务器。所以,当你给出一个域名时,计算机会请求 DNS 服务器的帮助,从右边的第一级开始至左边,向 DNS 服务器查询地址,并负责完成通信时从域名到 IP 地址的转换,也就是解析。

17)超媒体

通过链接方式将一些离散的单元或节点连接在一起来表示信息的一种方法。可表示信息包括文本、图形、音频、视频、动画、图像或可执行文档等多种媒体。

18)超文本

用于描述交互式联机导读功能的类型。嵌入在词或短语中的链接(URL)允许用户选中激活(如用鼠标单击)文本,或立即播放与此有关的信息和多媒体材料。

19)服务器

在网络上,给其他工作站提供资源的主机数据站点。服务器必须是功能强大的计算机,且要求有较高的速度、较大的存储空间以及断电保护功能等,它能够为用户提供数据传输、文件共享、网络打印等服务。

20)HTML

一种超文本标记语言,是 Internet 网络的标准文件格式,用于定义 Web 页的格式和分

配 Web 信息,比如在网络上所见到的网页,其中包含文本、图片、动画、声音和视频等信息,可以访问其他网页的超级链接,这些都是 HTML 允许定义的格式,也就是说,WWW 上的信息是通过 HTML 格式来进行组织编辑的。

21)浏览器

用于搜索、查找、查看和管理网络上信息的一种图形交互式界面的应用软件。

22)数据库

多用户信息的集合。通常支持随机访问的选择性,多重视图或基本数据的多级组合。

23)统一资源定位器(URL)

统一资源定位器(Uniform Resource Locator)是用来指示网上资源所在的位置和方法的。

格式:协议名称://主机域名或 IP 地址/路径/文件名

例如,新浪聊天室的 URL 地址为:

http://chat. sina. corn. cn/homepage/inside. html

(1)协议名称:是指计算机之间采用何种通信协议。

例如:www 所采用的是 HTTP(超文本传输协议),是一种客户程序和 www 服务器之间的通信协议,通过它可由 Web 访问多媒体(超文本)资源。文件传输采用的协议为 FTP 协议。

(2)主机域名或 IP 地址:是指该资源所在的服务器的域名。

如:Chat. sina. com. cn

(3)路径/文件名:指该资源在服务器主机中的路径以及文件名。

习　　题

1. 目前广泛使用的 Internet,其前身可追溯到(　　)。

   A. ARPANET　　B. CHINANET　　C. DECnet　　D. NOVELL

2. 计算机网络是计算机技术和(　　)。

   A. 自动化技术的结合　　B. 通信技术的结合

   C. 电缆等传输技术的结合　　D. 信息技术的结合

3. 计算机网络中常用的有线传输介质有(　　)。

   A. 双绞线,红外线,同轴电缆　　B. 激光,光纤,同轴电缆

   C. 双绞线,光纤,同轴电缆　　D. 光纤,同轴电缆,微波

4. 局域网中,提供并管理共享资源的计算机称为(　　)。

   A. 网桥　　B. 网关　　C. 服务器　　D. 工作站

5. 若网络的各个节点均连接到同一条通信线路上,且线路两端有防止信号反射的装置,这种拓扑结构称为(　　)。

A. 总线型拓扑　　B. 星型拓扑　　C. 树型拓扑　　D. 环型拓扑

6. 计算机网络中常用的传输介质中传输速率最快的是(　　)。

A. 双绞线　　B. 光纤　　C. 同轴电缆　　D. 电话线

7. Internet 网中不同网络和不同计算机相互通信的协议是(　　)。

A. ATM　　B. TCP/IP　　C. Novell　　D. X.25

8. TCP 协议的主要功能是(　　)。

A. 对数据进行分组　　B. 确保数据的可靠传输

C. 确定数据传输路径　　D. 提高数据传输速度

9. 局域网硬件中主要包括工作站、网络适配器、传输介质和(　　)。

A. Modem　　B. 交换机　　C. 打印机　　D. 中继站

10. 因特网中 IP 地址用四组十进制数表示,每组数字的取值范围是(　　)。

A. 0~127　　B. 0~128　　C. 0~255　　D. 0~256

11. 要在 Web 浏览器中查看某一电子商务公司的主页,应知道(　　)。

A. 该公司的电子邮件地址　　B. 该公司法人的电子邮箱

C. 该公司的 WWW 地址　　D. 该公司法人的 QQ 号

12. 计算机网络分为局域网、城域网和广域网,下列属于局域网的是(　　)。

A. ChinaDDN　　B. Novell　　C. Chinanet　　D. Internet

13. Modem 是计算机通过电话线接入 Internet 时所必需的硬件,它的功能是(　　)。

A. 只将数字信号转换为模拟信号　　B. 只将模拟信号转换为数字信号

C. 为了在上网的同时能打电话　　D. 将模拟信号和数字信号互相转换

14. 计算机网络的主要目标是实现(　　)。

A. 数据处理和网络游戏　　B. 文献检索和网上聊天

C. 快速通信和资源共享　　D. 共享文件和收发邮件

15. 有一域名为 bit.edu.cn,根据域名代码的规定,此域名表示(　　)。

A. 教育机构　　B. 商业组织　　C. 军事部门　　D. 政府机关

16. 计算机网络中传输介质传输速率的单位是 bps,其含义是(　　)。

A. 字节/秒　　B. 字/秒　　C. 字段/秒　　D. 二进制位/秒

17. 域名 ABC.XYZ.COM.CN 中主机名是(　　)。

A. ABC　　B. XYZ　　C. COM　　D. CN

18. 在因特网技术中,缩写 ISP 的中文全称是(　　)。

A. 因特网服务提供商　　B. 因特网服务产品

C. 因特网服务协议　　D. 因特网服务程序

19. 假设邮件服务器的地址是 email. bj163. com,则用户正确的电子邮箱地址的格式是(　　)。

A. 用户名#email. bj163. com
B. 用户名@ email. bj163. com
C. 用户名 &email. bj163. com
D. 用户名 $ email. bj163. com

20. 正确的 IP 地址是(　　)。

A. 202. 112. 111. 1
B. 202. 2. 2. 2. 2
C. 202. 202. 1
D. 202. 257. 14. 13

Web技术

7.1 Internet 上的服务

Internet 译为因特网,也称之为环球网或国际互联网。

将各处的计算机通过通信线路连接在一起,构成一个高效率的通信网,这个通信网就叫做计算机网络。通过这个通信网,所有在网上的终端机或计算机都能共享网上(即其他计算机内)所有的资源,如程序、图文资料等。

Internet 不是指某个区域范围内的网络,而是指将全球范围内的各种不同类型的计算机网络连接起来的一个网络。Internet 上有取之不尽、用之不竭的信息财富。

Internet 提供的基本服务有:

(1)信息检索

如 Google、SOHU、百度等

(2)电子邮件服务

如:www. 126. com,www. hotmail. com

(3)文件传输服务

如:ftp://www. abc. com/abc. iso

(4)万维网服务

如:http://www. programfan. com

(5)远程登录服务

如:telnet://bbs. xanet. edu. cn

(6)URL 和域名服务

一个 URL(例如 http://www. sohu. com),其中,. com 指出了该网站的服务类型。目前,常用的网站服务类型含义如下:AC 指科研机构,COM 指工、商、金融等企业,EDU 指教育机构 GOV 指政府机构,MIL 指国防、军事机构,NET 指提供互联网络服务的机构,ORG 指非营利性的组织。

另外,有些域名会带有本国或本地区的域名。例如,南京铁道技术学院的网址主页

http://www. njrts. edu. cn

其中的 cn 就代表该网站属于中国。常见的域名还有 au 表示澳大利亚,jp 表示日本,

uk 表示英国,ca 表示加拿大等。

7.2　网络应用的模式

1. C/S 结构

C/S(Client/Server)结构(见图7-17),即大家熟知的客户机和服务器结构。服务器通常采用高性能的PC、工作站或小型机,并采用大型数据库系统,如Oracle,DB2,Informix或SQL Server。客户端需要安装专门开发的客户端软件。通过这种软件体系结构可以充分利用两端硬件环境的优势,将任务合理分配到Client端和Server端来实现,降低了系统的通信开销。C/S体系结构虽然采用的是开放模式,但这只是系统开发一级的开放性,在特定的应用中无论是Client端还是Server端都需要特定的软件支持。由于没有提供用户真正的通用环境,C/S结构的软件需要针对不同的操作系统开发不同版本的软件,加之产品的更新换代十分快,已经很难适应百台计算机以上局域网用户同时使用。

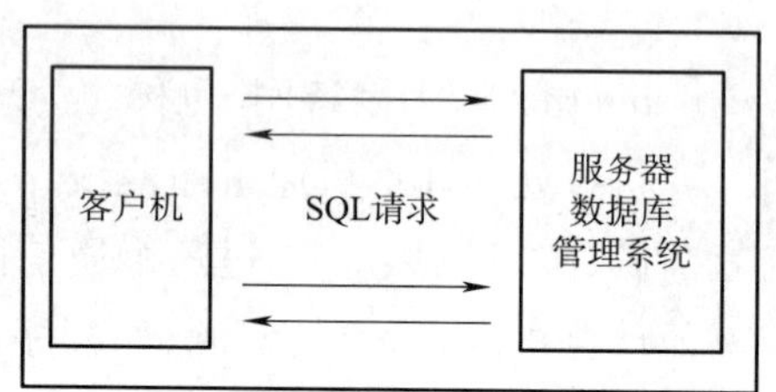

图7-1　C/S结构原理图

C/S结构的主要特点:

(1)应用服务器运行数据负荷较轻。

最简单的C/S体系结构的数据库应用由两部分组成,即客户应用程序和数据库服务器程序。二者可分别称为前台程序与后台程序。运行数据库服务器程序的后台机器,也可以提供应用服务。一旦服务器程序被启动,就随时等待响应客户程序发来的请求。客户应用程序运行在用户自己的计算机上,对应于数据库服务器,可称为客户计算机。当需要对数据库中的数据进行任何操作时,客户程序就自动地寻找服务器程序,并向其发出请求,服务器程序根据预定的规则作出应答,送回结果,数据库或应用服务器运行数据的负荷较轻。

(2)数据的储存管理功能较为透明。

在数据库应用中,数据的储存管理功能,是由服务器程序和客户应用程序分别独立进行的,前台应用可以违反的规则,并且通常把那些不同的(不管是已知还是未知的)运行数据,在服务器程序中不集中实现。例如访问者的权限,编号可以重复,必须有客户才能建立订单这样的规则。所有这些,对于工作在前台程序上的最终用户,是“透明”的,他们无须过问(通常也无法干涉)背后的过程,就可以完成自己的一切工作。在客户服务器架构的应用中,前台程序不是非常“瘦小”,麻烦的事情都交给了服务器和网络。在C/S体系的下,数据库不能真正成为公共、专业化的仓库,它受到独立的专门管理。

(3)C/S架构的劣势是高昂的维护成本且投资大。

首先,采用C/S架构,要选择适当的数据库平台来实现数据库数据的真正“统一”,使分布于两地的数据同步完全交由数据库系统去管理,但逻辑上两地的操作者要直接访问同一个数据库才能有效实现。有这样一些问题,如果需要建立"实时"的数据同步,就必须在两地间建立实时的通信连接,保持两地的数据库服务器在线运行,网络管理工作人员既要对服务器维护管理,又要对客户端维护和管理,这需要高昂的投资和复杂的技术支持,维护成本很高,维护任务量大。

其次,传统的 C/S 结构的软件需要针对不同的操作系统开发不同版本的软件,由于产品的更新换代十分快,代价高和低效率已经不适应工作需要。在 JAVA 这样的跨平台语言出现之后,B/S 架构更是猛烈冲击 C/S,并对其形成威胁和挑战。

2. B/S 结构

B/S(Browser/Server)结构(见图 7-2)即浏览器和服务器结构。它是随着 Internet 技术的兴起,对 C/S 结构的一种变化或者改进的结构。在这种结构下,用户工作界面是通过 WWW 浏览器来实现,极少部分事务逻辑在前端(Browser)实现,但是主要事务逻辑在服务器端(Server)实现,形成所谓三层(3-tier)结构。这样就大大简化了客户端计算机载荷,减轻了系统维护与升级的成本和工作量,降低了用户的总体成本(TCO)。以目前的技术看,局域网建立 B/S 结构的网络应用,并通过 Internet/Intranet 模式下数据库应用,相对易于把握、成本也是较低的。它是一次性到位的开发,能实现不同的人员,从不同的地点,以不同的接入方式(比如 LAN,WAN,Internet/Intranet 等)访问和操作共同的数据库;它能有效地保护数据平台和管理访问权限,服务器数据库也很安全。在 Java 这样的跨平台语言出现之后,B/S 架构管理软件更是方便、快捷、高效。

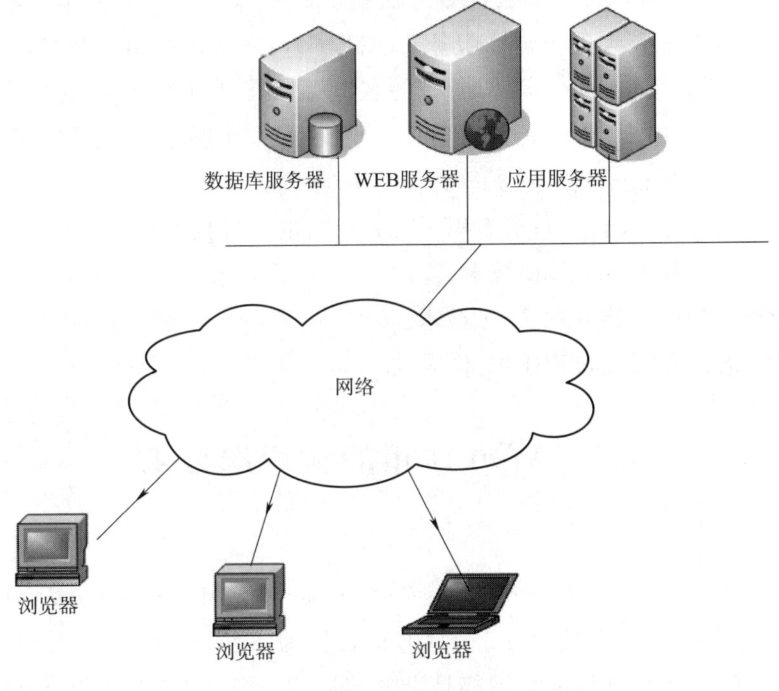

图 7-2　一个 B/S 系统的架构原理图

B/S 架构软件的特点:

(1)维护和升级方式简单。

目前,软件系统的改进和升级越来越频繁,B/S 架构的产品明显体现着更为方便的特性。对一个稍微大一点的单位来说,系统管理人员如果需要在几百甚至上千部计算机之间来回奔跑,效率和工作量是可想而知的。但 B/S 架构的软件只需要管理服务器就行了,所有的客户端只是浏览器,根本不需要做任何的维护。无论用户的规模有多大,有多少分支机构都不会增加任何维护升级的工作量,所有的操作只需要针对服务器进行。如果是异地,只需要把服务器连接专网即可,实现远程维护、升级和共享。所以客户机越来越"瘦",而服务器越来越"胖"是将来信息化发展的主流方向。今后,软件升级和维护会越来越容易,而使用起来会越来越简单,这对用户人力、物力、时间、费用的节省是显而易见的、惊人的。因此,维护和升级革命的方式是"瘦"客户机,"胖"服务器。

(2)成本降低,选择更多。

大家都知道 Windows 在桌面计算机上几乎一统天下,浏览器成为了标准配置,但在服务器操作系统上 Windows 并不是处于绝对的统治地位。现在的趋势是凡使用 B/S 架构的应用管理软件,只需安装在 Linux 服务器上即可,而且安全性高。所以服务器操作系统的选择是很多的,不管选用哪种操作系统都可以让大部分人使用 Windows 作为桌面操作系统,而计算机不受影响,这就使得流行且免费的 Linux 操作系统快速发展起来,Linux 除了操作系统是免费的以外,连数据库也是免费的,这种选择非常盛行。

(3)应用服务器运行数据负荷较重。

由于 B/S 架构管理软件只安装在服务器端(Server),网络管理人员只需要管理服务器就行了,用户界面主要事务逻辑在服务器端(Server)完全通过 WWW 浏览器实现,极少部分事务逻辑在前端(Browser)实现,所有的客户端只有浏览器,网络管理人员只需要做硬件维护。但是,应用服务器运行数据负荷较重,一旦发生服务器"崩溃"等问题,后果不堪设想。因此,许多单位都备有数据库存储服务器,以防万一。

B/S 软件项目的开发目前一般有以下几种主流的开发技术:

①以 Java 语言为核心的 JEE 技术。

②以 C#语言为核心的 ASP. NET 技术。

③以 PHP 语言为核心的 PHP 技术。

7.3 Web 应用的客户端技术

1. HTML

HTML 语言,又称超文本标记语言,是英文 Hyper Text Markup Language 的缩写,在软件领域 HTML 主要用于网页的设计。HTML 语言作为一种标识性的语言,是由一些特定符号和语法组成的,所以理解和掌握都是十分容易的。组成 HTML 的文档都是 ASCII 文档，所以创建 HTML 文件十分简单，只需一个普通的字符编辑器即可。如 Windows 中的记事本、写字板都可以使用。也可以采用专用的 HTML 编辑工具：如 CoffeeHTML, Homesite, HTMLedit Pro 等工具，它们的特点是能够自动检查 HTML 文档中的语法错误并协助改正。由于有了图形化的 HTML 开发工具，使得我们学习 HTML 更加容易，我们可以先用它制作好网页，再在它附带的 HTML 代码编辑器删去那些无用的代码，利用它的所见即所得特性，从而使我们很快就能熟练地掌握 HTML。

2. CSS

CSS 即 Cascading Style Sheet（级联样式单）的缩写，我们又常称这为风格样式单 Style Sheet，顾名思义，是用来进行网页风格设计的。比如，我想让我的链接字未点击时是蓝色的，当鼠标移上去之后字变成红色的且有下画线，这就是一种风格。通过设立样式表，我们可以统一地控制 HMTL 中各标志的显示属性。

3. JavaScript

JavaScript 是一种网页脚本功能前端开发语言，此语言可以被嵌入 HTML 的文件之中。透过 JavaScript 可以做到回应使用者的需求事件（如 form 的输入）而不用任何的网络来回传输资料，所以当一位使用者输入一项资料时，它不用经过传给服务器端（server）处理再传回来的过程，而直接可以被客户端（client）的应用程序所处理。也可以想象成有一个可执行程序在你的客端上执行一样！有许多写好的 JavaScript 代码在 Internet 的网页上可以看到。JavaScript 和 Java 语法很类似，但完全是不同的程序。Java 是一种比 JavaScript 复杂许多的程序语言，而 JavaScript 则是相当容易了解的语言。JavaScript 开发的脚本程序可以不必注重程序技巧，所以许多 Java 的特性在 Java Script 中并不支持。

4. 静态网页

静态网页内容经常以 HTML 编写，在服务器端以 . htm 或 . html 文件储存。对于静态网页，服务器不执行任何程序，只是把 HTML 页面文件传给客户端浏览器直接进行解析工作。在静态网页上，也可以出现各种动态的效果，如 GIF 等格式的动画、滚动字幕等，这些动态效果只是视觉上的，与下面将要介绍的动态网页是不同的概念。

静态网页的特点简要归纳如下：

①静态网页的每个网页都有一个固定的 URL，且该 URL 以 . htm，. html，. shtml 等常见形式为后缀，而不含有“？”。

②网页内容一经发布，无论是否有用户访问，其每个静态网页的内容都将保存到网站服务器上，也就是说，静态网页是实实在在保存在服务器上的文件，每个网页都是一个独立的文件。

③静态网页的内容相对稳定，因此容易被搜索引擎检索到。

④静态网页没有数据库的支持，在网站制作和维护方面工作量较大，当制作信息量很大的网站时，不能完全依靠静态网页制作方式。

⑤静态网页的交互性差，在功能方面有很大的限制。

7.4 Web 应用的服务器端技术

1. WWW

WWW 是 World Wide Web(环球信息网)的缩写,也可以简称为 Web,中文名称是“万维网”。在“万维网”上,只需使用简单的方法,就可以方便快捷地获取丰富的信息资料。由于用户在通过 Web 浏览器访问信息资源的过程中,无须关心一些技术性的细节,且界面非常友好,因而,Web 在 Internet 上推出后,就受到了热烈的欢迎,并得到迅速发展。

简单地说,WWW 是以 Internet 为基础提供的一种界面友好的信息服务,用于检索和阅读链接到 Internet 上的所有内容。该服务利用超文本(Hypertext)、超媒体(Hypermedia)等技术,允许用户通过浏览器(如微软的 IE、网景的 Netscape)检索远程计算机中的文本、图形、声音以及视频文件。

到了 1993 年,WWW 的技术有了突破性的进展,它解决了远程信息服务中的文字显示、数据链接以及图像传递的问题,使得 WWW 成为 Internet 上最为流行的信息传播方式。

2. HTTP 和 URL

HTTP(HyperText Transfer Protocol,超文本传输协议)是 WWW 浏览器和 WWW 服务器之间的应用层通信协议。它不仅能保证正确传输超文本文档,还能确定传输文档中的哪一部分,以及传输文档中各组成部分的显示顺序(如先显示文字,再显示图片)等。通过这个协议,用户可以浏览网络上的各种信息,在浏览器上看到丰富多彩的文字与图片。

URL(Uniform Resou rce Locator,统一资源定位器)是 Web 页的地址。URL 地址格式排列为 Scheme://host:port/path

如 http://www. heimofang. com/index. html 就是一个典型的 URL 地址。从左至右,URL 各组成部分的作用如下:

①Internet 资源类型(scheme):指出 Web 客户程序用来操作的工具。比如 http://表示 Web 服务器;ftp://表示 FTP 服务器;gopher://表示 Gopher 服务器;而 new://表示 Newgroup 新闻组。

②服务器地址(host):指出 Web 页所在的服务器域名。

③端口(port):对某些资源的访问来说,有时需给出相应服务器的端口号。

④路径(path):指明服务器上某资源的位置,通常由“目录/子目录/文件名”这样的结构组成,与端口一样,路径并非总是需要的。

3. 动态网页

动态网页是指包含在服务器端执行的程序代码的网页。客户端浏览动态网页,必须先由服务器执行网页中的程序,再将执行的结果传送到客户端浏览器中。

客户端浏览动态网页时,会在服务器上执行一些程序,由于执行程序时的条件不同,所以执行的结果会不同，因而最终传送到客户端浏览器中的内容也将有所不同，所以称为动态网页。动态网页的特点归纳如下：

①网页 URL 是以 . asp，. aspx，. jsp，. php 等形式为后缀，并且在动态网页网址中有一个标志性的符号——"？"。

②动态网页常以数据库技术为基础，大大降低了网站维护的工作量。

③动态网页实际上并不是独立存在于服务器上的网页文件，只有当用户请求时，服务器才返回一个完整的网页。

④采用动态网页技术制作的网站可以实现更多的功能。

目前，开发动态网页的 3 种主流技术是 ASP. NET，PHP 和 JSP，这三者各有所长，但都需要把脚本语言嵌入到 HTML 文档中。ASP. NET，PHP，JSP 都是面向 Web 服务器的技术，客户端只需通过浏览器，就可以浏览这些页面，不过只有经过了服务器的处理后，才能将结果发送给客户端浏览器，用户是看不到其真正的源代码的。

4. PHP

PHP（个人主页）最初由 Rasmus Lerdorf 于 1994 年开发，从 1997 年开始，有其他人陆续加入到 PHP 的开发行列。其中，Zeev Suraski 和 Andi Gutmans 重新编写了解释器，从而推出了 PHP 版本 3，即 PHP3。到现在，PHP 已经成为一些 Web 服务器的标准，多数的 WindowsNT 和 UNIX 服务器都支持 PHP。PHP 是免费的，其源代码是公开的。而且可以从 PHP 官方网站（http://www. php. net）上得到最新的相关信息。

5. JSP

JSP 全称是 Java Server Pages，是由 Sun Microsystems 公司倡导、众多公司参与开发建立的一种动态网页技术标准。JSP 技术以 Java 语言作为脚本语言，Java 是一种成熟的跨平台的程序设计语言。JSP 具有非常突出的开放性、跨平台性和高效性。

6. ASP. NET

ASP. NET 是微软公司推出的用于编写动态网页的一项新技术，是 ASP 和 . NET 技术的集合。与以前的网页开发技术相比，ASP. NET 取得了很大进步。它是 ASP 的换代技术，但不只是 ASP 的简单升级。ASP 发展到了 3.0 后再也没有出现新的版本，取而代之的是 ASP. NET。

ASP. NET 具有非常明显的优势：执行效率大幅提高，易于跨平台调试，易于扩展，简单易学，安全性较高等。

习　　题

1. Web 前端开发技术包含 Html、CSS 和 JavaScript 三个部分的技术，其中 Html 技术用于（　　）。

A. 显示数据　　B. 处理数据　　C. 表示数据　　D. 网页动态效果

2. 所谓网站就是用于展示特定内容的相关网页的集合,网站中的不同网页之间通过(　　)实现相互之间的关联。

A. 超文本　　B. 超链接　　C. 超格式　　D. 超向量

3. CSS 指的是(　　)。

A. Computer Style Sheets　　B. Cascading Style Sheets

C. Creative Style Sheets　　D. Colorful Style Sheets

4. 如果网页(　　),该网页是动态的。

A. 有 GIF 动画图片动来动去　　B. 有动画广告飞来飞去

C. 能看影视　　D. 是动态实时生成的

5. 以下选项中(　　)是不正确的 URL。

A. http://www. google. cn

B. www. google. cn

C. http://localhost:8080/bookshop/index. jsp

D. ftp://ftp. link/down/search. jsp

6. HTTP 的默认端号是(　　)。

A. 80　　B. 8080　　C. 70　　D. 21

7. 客户发出请求,服务器端响应请求过程中,说法(　　)是正确的。

A. 在客户发起请求时,DNS 域名解析地址前,浏览器与服务器建立连接

B. 客户在浏览器上看到结果后,释放浏览器与服务器连接

C. 客户端直接调用数据库数据

D. Web 服务器把结果页面发送给浏览器后,浏览器与服务器断开连接

8. 下面是相对路径的是(　　)。

A. http://www. sina. com. Cn　　B. ftp://219. 153. 40. 150

C. ../a. html　　D. /a. html

程序设计基础

程序设计是按照一定的规则,使用计算机指令控制计算机为人们提供服务的过程。从1946年第一台数字电子计算机诞生以来,程序设计伴随着计算机科学的发展不断进步,特别是20世纪50年代第一代高级程序设计语言出现后,出现了成千上万种程序设计语言和各种各样的程序设计方法:从0和1组成的机器语言到FORTRAN,ALGOL,COBOL,到C/C++,PASCAL,Java;从结构化程序设计到面向对象程序设计,到构件。

实际上,所有的计算机程序语言以及方法的最终目的都是一样的,就是良好地控制计算机按照人们的意愿去工作,共同的目的使各种各样的语言和方法有了共同的知识基础,所以在学习程序设计的时候,只要首先掌握程序设计的基础方法和规则,就能够触类旁通、举一反三。

8.1 程序设计的应用

1. 科学计算

科学计算是程序设计最早也是最重要的应用领域。计算机为数学提供了一条通往科学和工程技术各个领域的重要通道,开辟了一个数学时代。由于大容量存储的高速计算的计算机的使用,已经导致了科学和技术方面的突出进展。1987年起美国把“科学与工程计算”“生物工程”和“全局性的科学”作为三大优点支持的领域。

科学计算一个最重要的应用领域是军事领域,如导航系统、模拟系统和指挥系统。在天文、地理、铁路、气象、工业等各个领域,科学计算也都是十分重要的。

2. 信息处理

由于计算机有着惊人的处理速度,因此它不仅用于科学计算,而且在数据处理方面的作用与人们的日常生活更加贴近,甚至成为目前计算机应用的主要领域。据统计,在计算机的所有应用中,数据处理方面的应用约占全部应用的3/4以上。目前计算机处理的信息已经不再是单纯的数值数据,还包括了文字、符号、声音、图形、图像等多种形式的信息媒体。数据处理的过程是指用计算机对原始数据进行收集、存储、分类、加工、输出等过程。数据处理是现代管理的基础,广泛地用于情报检索、文字处理、统计、事务管理、生产管理自动化、决策系统、办公自动化等方面。数据处理的应用已全面深入到当今社

会生产和生活的各个领域,下面是信息处理的典型例子。

①语言及文字处理:文档管理、机器翻译、电子词典。

②图形和图像处理:动漫设计。

③信息系统:门户网站。

④医疗保健系统:远程诊断。

⑤企业资源计划系统:ERP 系统。

⑥客户关系管理系统:自动服务台。

3. 计算机辅助系统

由于计算机具有快速的计算能力,以及强大的数据处理能力,所以借助计算机在设计、生产、教学等过程中进行有效的辅助性工作,使人们有更多的时间做更有创造性的工作,以便提高效率,降低成本。计算机辅助系统是指能够部分或全部代替人完成各项工作(如设计、制造及教学等)的计算机应用系统,目前主要包括:

①计算机辅助设计(CAD):AutoCAD。

②计算机辅助制造(CAM):CIMS。

③计算机辅助教学(CAI)。

④计算机辅助教育系统(CBE)。

4. 计算机控制与仿真

计算机控制系统是指应用计算机参与控制并且辅助一些辅助部件与被控对象相联系,以获得一定控制目的而构成的系统。这里的辅助部件主要是输入输出接口、检测装置和执行装置等。与被控对象的联系以及部件间的联系,可以是有线方式,如通过电缆的模拟信号或数字信息进行联系;也可以是无线方式,如用红外线、微波、无线电波、光波等进行联系。被控对象的范围很广,包括各行各业的生产过程、机械装置、交通工具、机器人、试验装置、仪器仪表、家庭生活设施、家用电器和儿童玩具等。控制目的可以是使被控对象的状态或运动过程达到某种要求,也可以是使其达到某种最优化目标。

计算机控制系统由控制部分和被控对象组成,其控制部分除了硬件部分,还包括软件部分,这也是程序设计要完成的部分。计算机控制程序一般与硬件配合开发。

5. 人工智能

人工智能是用计算机来模拟人的智能,代替人的部分脑力劳动。人工智能既是计算机当前的重要应用领域,也是今后计算机发展的主要方向。人工智能的长期目标有两个:一是发明出一个可以像人类一样或者能够更好地完成智能行为的机器;二是理解这种智能行为是否存在于机器。因此,人工智能是计算机在更高层次上的应用。尽管在这个领域中技术上的困难很多,目前仍取得了一些重要成果,如水下机器人、打篮球的机器人。

8.2　程序设计的基本过程

1. 程序设计过程

任何程序设计过程都是为解决实际问题而进行的，用计算机解决问题的过程就是算法设计与程序实现的过程，最终以程序设计语言具体实现。

程序设计是指我们使用一种计算机语言为实现解决实际问题的算法去设计编写计算机程序的过程。计算机语言是人与计算机进行交流的媒介，通过语言编写的程序，计算机就会准确地按程序步骤执行操作，计算机解决实际问题的一般过程如图 8-1 所示。

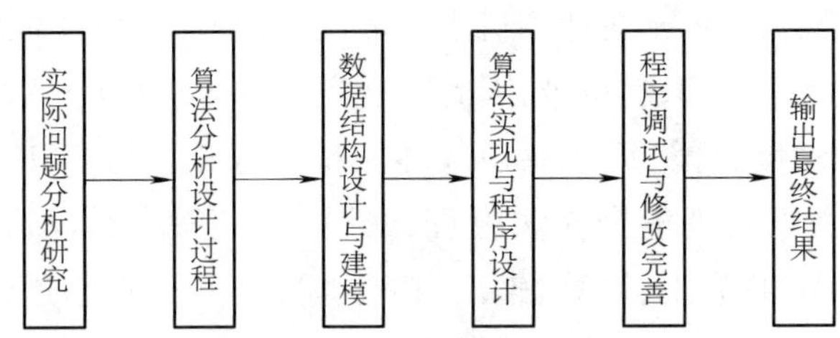

图 8-1　计算机解决实际问题的一般过程

其中，实际问题的分析与研究是算法设计的基础，根据待解决问题的难易程度，需要做大量的实地调研和分析工作，确定实现算法的运行环境，设计合理的数据结构，建立实现算法的模型，这些都是解决实际问题的具体步骤，不仅要有必要的 IT 专业基础理论与专业背景，还应具备实际设计调试经验，以及程序应用业务本身的要求，因此常常由具有专业技术背景的人员与程序员共同协作完成，然后才是程序员的程序设计与调试工作，整个工作过程中的关键是算法设计，最终是程序实现。

2. 程序设计的步骤

程序设计大致包含以下几个步骤。

(1) 分析问题。

程序设计首先要对问题进行分析，明白我们要做什么，确定要使用的数学模型。

(2) 确定算法。

确定算法即确定解决问题时要执行的一系列步骤。

(3) 算法描述。

算法描述就是使用计算机语言对算法予以描述，其中包括数据结构的设计与算法流程的实现。

(4) 确定程序设计语言

由于不同的计算机程序语言有不同的特点，根据实际情况与需要选好程序设计语言后，就可以用该语言编程实现算法。

(5)调试和运行测试,直到通过。

8.3 程序中的算法设计

简单地说,计算机算法就是用计算机解决问题的方法和步骤。

例如,计算任意的圆面积。

分析这个问题,我们了解这是与数学计算有关的问题,用计算机语言实现操作命令,还有操作对象,即操作数。程序运行时首先应该允许用户输入圆的半径 r 数据,然后根据求圆面积的公式

$$S = \pi \times r^2$$

计算其体积值数据,其中 π 在计算机中一般没有现成的、可任取精度的数据值可取,也没有 π 这个语言命令可以识别符号,因此要么定义 pi = 3. 14159 数据类型,要么建立其他类型实现其达到的精度,计算后结果还应能正确地输出。分析正确后,选择合适的程序设计语言,编写程序以实现整个算法过程,最后程序经过录入调试,正确运行后实现"计算任意圆面积"算法的输入、计算、输出整个过程。这样就完成了算法设计与程序实现的过程。

用编程语言实现程序设计时的文法规则、语法规则,不能有误,否则计算机语言编译或解释会检测出程序有语法错误,程序就不会被"翻译"成机器语言或被正确执行。计算机语言的词法、语法规定要准确应用,没有灵活性,这点与汉语、英语等自然语言口语交流时的用法有极大的不同。这种对词、语句的分析、订正甚至是程序设计初学者的主要工作。

解决问题的算法可以自由灵活地优化设计,因此同一个问法可以有多种,可编的程序也不是惟一的。所以学习程序设计,熟练掌握语法规范结构是必要的,而算法实现是核心。

对于程序初学者,计算机程序开发可以这样表示:

程序 = 数据结构 + 算法 + 程序设计语言开发工具

其中,算法是关键,是实现程序设计的依据和基础,算法分析做的完整,做的精细,才能有完整的程序设计,才可能对程序进行优化,所以掌握算法至关重要。

对于有一定基础的程序开发人员,计算机程序开发应该这样表示:

程序 = 类 + 消息

8.4 计算机算法的表示

人们在实际生活和工作中,无论做什么事情,都需要有计划、按步骤去完成,计划去看一场电影或听一场音乐会,就需要先看海报,完成这项活动需要按指定的地点付款、购

票,再按规定的时间到规定的地点,验票进门找到自己的座位,接下来看电影或听音乐会,完成计划和步骤。实施执行这件事情的整个过程是按时间、按步骤顺序进行的,有条不紊直至完成,这仅仅是人们日常生活所熟悉的许许多多事情中的一项活动,这个过程实施的步骤就是“算法”,只是人们习以为常,从没有去细究其思维支配的过程,也就不必细细描述。

要让计算机去做一件事情,就必须把如何做这件事情分拆成许许多多小步骤,每一步正好由计算机语言的命令来完成,计算机按着顺序执行这一系列小步骤,最后执行完一系列命令,把所要做的事情做完。

程序设计的关键就是用计算机的电脑解决人脑思考的问题。程序设计者必须用计算机的“思维”方式把要解决的问题描述到仔仔细细每一步的程度,尽管从人的视角看这种描述很琐碎。这种思维方式,是程序员与生俱来的使命要求,也是与其他计算机工作者的根本区别所在。

描述这些步骤的方法有自然语言、流程图、UML(Unified Modeling Language)图等,描述每一步骤的计算机命令选用的就是计算机语言。把计算机每一条命令对应的一系列步骤组成一个规则的整体,就是计算机程序。计算机程序设计“算法”就是利用计算机语言,让计算机完成解决问题的步骤。那么,假设解决问题的一项活动还穿插有其他活动,则需要周密计划、严谨安排,先做什么后做什么,再做什么,才可能有效完成,对应的计算机语言编程则是流程控制问题。

所有的计算机程序流程控制结构都可以分为顺序结构、条件分支结构、循环结构三种方式。反映在现实世界,对应于:无条件执行的动作、有条件执行的动作、重复执行的动作。

顺序结构是程序设计最基本的结构,由顺序命令组成,程序执行流程是按顺序执行方式运行的。条件分支结构根据不同的条件执行不同的命令。循环结构根据给定的条件反复执行某一段程序,并不断修改给定的条件,最终结束循环。

1. 自然语言描述

用自然语言描述算法是非常直接的一种表示方法,易于表达、易于理解,所以自然语言描述算法的最大优点是便于人们之间直接交流,可是最大的缺点也产生于人们之间的交流,表现在自然语言表述不够严谨和理解不一致时,容易产生歧义性。

例如,“学期年末获优秀学生奖的条件是:考核达标、平均成绩 90 分以上或从未迟到早退者,即可参加评奖。”听起来很容易理解,但理解方式可能不是惟一的。

理解 1:考核达标、平均成绩 90 分以上,即可参加评奖。

理解 2:考核达标、从未迟到早退者,即可参加评奖。

理解 3:从未迟到早退者,即可参加评奖。

所以,自然语言表述不能有效合理地表达算法,显然也不能利用计算机有效地进行程序设计和实现算法。

2. 程序流程图描述

用自然语言描述程序执行步骤,如果是顺序结构还比较容易,但是对于稍微复杂一点的程序流程,比如说条件判断分支结构或循环结构等,就不是很方便。因此,美国国家标准化协会 ANSI(American National Standard Institute)规定了一些常用的流程图符号,表示程序的执行步骤与控制流向,这就是程序流程图。如图 8-2 和图 8-3 所示。

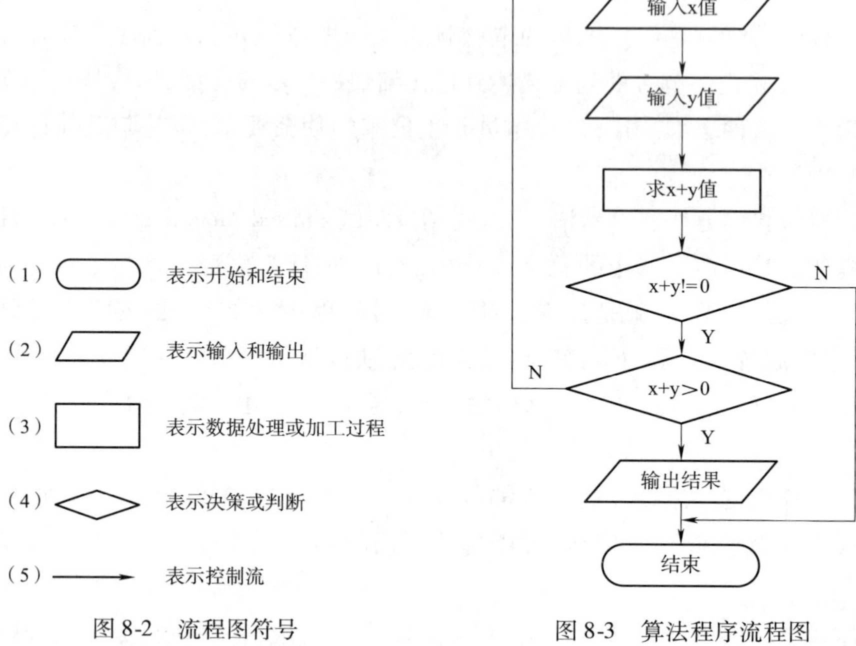

图 8-2　流程图符号　　　　图 8-3　算法程序流程图

如下是一个算法描述的实际例子:

虽然用程序流程图表示算法,程序步骤和过程可以表达清楚,使用方便,简明容易理解。但是,要表示复杂一些的算法就会显得凌乱繁杂,由于这个原因,人们想到应该规定几种基本的算法设计结构,然后按照一定能合成整体的算法结构,这些基本结构可以组成各种新的基本结构,然后按顺序拼接出程序的算法结构,从而使程序设计质量大为提高。

1966 年,Bobra 和 Jacopini 提出了程序设计的三种基本结构,至今仍是各种计算机程序设计语言支持的基本结构。三种程序控制结构表示如图 8-4 所示。

实际上,使用这三种基本结构很容易组成任何一种复杂的程序算法。很明显,以上三种基本结构都是一个入口、一个出口,用这三种基本结构组成的程序算法都属于结构化程序设计(Structured Programming)的算法,每种基本结构向外应该没有无规则转向流程,即每种基本结构只有一个入口和一个出口,否则就不能称为结构化程序设计。

结构化程序设计是面向过程程序设计的规范化要求。

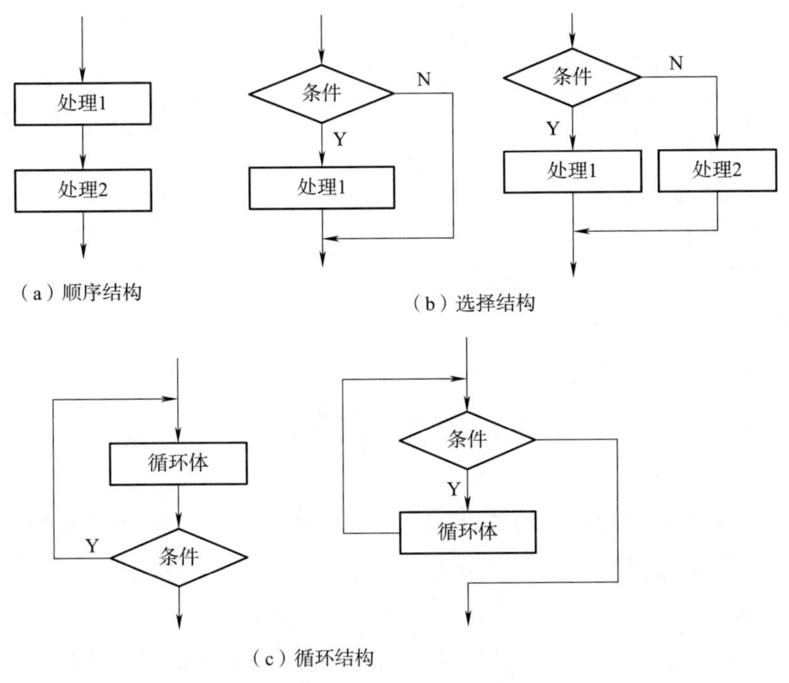

图 8-4　结构化程序设计的 5 个基本构件模型

3. 复杂流程图的设计基本原则

参考 visio 和 UML 的流程图设计规定：

(1)结构图中的每一个矩形表示程序员编写的代码块,不包含标准的调用函数。

(2)矩形的名称是传达函数的作用的智能名称,是函数编码中使用的名称。

(3)函数图只包含函数流程,不表明代码。

(4)相同函数用交叉的平行线画出阴影,或是在矩形的右下角绘出阴影来表示。

(5)当相同的调用出现在程序中时,在结构图中显示它们,如果它们包含子函数调用,只要显示一次完整的结构。

(6)数据流和标记是可选的,在使用时,应当给它们命名。

(7)输入流和标记在垂直线的左边显示,输出流和标记在右边显示。

4. 类计算机语言描述

所谓类计算机语言,就是一种接近于计算机语言的非计算机语言,该语言在描述计算机算法时,从流程上看基本接近于计算机语言的形式,但是在具体的描述上可以使用接近于人类语言的形式。这样做的目的是去除计算机语言描述时的一些细节问题,能更突出地表示出计算机算法的流程,而不必关注其细节。同时,类计算机语言由于非常接近于计算机语言,能很容易的将类计算机语言描述的计算机算法翻译成真正计算机语言描述的计算机算法。

如下是一个用类计算机语言描述算法的实际例子：

(1)开始

(2)input　x

(3)input　y

(4)z = x + y

(5)if(z = =0),则转(8)

(6)if(z <0),则转(2)

(7)print　z

(8)结束

8.5　程序设计语言

编写计算机程序所用的语言即程序设计语言,是人与计算机之间交换信息的工具,是软件系统的重要组成部分。它一般分为机器语言、汇编语言和高级语言三类。

1. 机器语言

机器语言是计算机的第一代语言。它全部由 0,1 代码组成,是能够直接被机器所接受的语言,也称为手编语言,通常随计算机型号的不同而不同。机器语言中的每一条语句(即机器指令)实际上是一条二进制形式的指令代码,由操作码和地址码组成。

机器语言用二进制代码编制,不容易记忆,程序编写难度大,调试修改烦琐,但执行速度最快,它是一种面向机器的程序设计语言。

2. 汇编语言

汇编语言是第二代程序设计语言。

在编写程序时,如果我们使用一些可帮助记忆的符号来代替难记、难辨的机器码,则给阅读和修改程序会带来很大的便利。

汇编语言就是用助记符代替操作码,用地址符号代替地址码。它的每一种符号都有一一对应的机器码。正是这种替代,使机器语言"符号化",所以也称汇编语言是符号语言。

汇编语言与特定类型的机器相对应,也是一种面向机器的语言。事实上,每一个计算机厂家都为自己的机器制定了一套机器码的"助记符",即汇编语言指令系统如图 8-5 所示。

汇编语言程序	机器码程序	含意
mov a1．(51h)	B051	存储单元(51h)内容送入al
movbl，(52h)	B352	存储单元(52h)内容送入bl
add al，bl	02C3	al+b1->al
mov(50h)，al	A25300	al的内容送入存储单元(50h)

图 8-5　汇编语言

程序员用汇编语言作为编写程序的工具,用汇编语言编出的程序称为汇编语言程序。显然,汇编语言与机器语言相比较更容易记忆,程序易读、易检查及易修改,同时,也保持了机器语言编程质量高、执行速度快及占存储量小的优点。但在编制复杂程度较高的程序时,汇编语言还存在着明显的局限性,尤其是这种语言程序依赖于具体的机型,并且通常不同系列的计算机都有自己的机器语言,所以也就造成了不同系列的机器有不相同的汇编语言的情况,故不具有通用性和可移植性。在某一种机器上调试好的汇编语言程序,换到另一种机器上运行时通常都必须重新编写。因此,它也属于低级语言。

汇编语言的特点之一是它能彻底地反映计算机中 CPU 的内部结构,从而用它可以向计算机发出该机器可以执行的指令,它能使程序员利用机器的所有功能。但是,另一方面,这就要求程序员熟悉所使用的计算机性能,如必须了解它有哪些寄存器的指令集,确切了解指令是如何对各种寄存器使用的,计算机采用何种寻址方法等。显然,这一切实际上与最终要执行的任务无关,并且意味着程序员在编写程序时必须承担相当大的工作量。

用汇编语言程序控制计算机工作与用十六进制代码控制计算机工作有类似的问题,即计算机无法直接识别,也必须先将其译为二进制代码。这种翻译工作用人工来完成显然可行有效,但相当烦琐。这里我们可以借助于前面用计算机来完成将十六进制数转换为二进制数任务的思想来解决这个问题,通过一个称为汇编程序的软件,将其调入计算机内存运行。

该程序的输入数据是用户的汇编程序,而输出的便是机器码程序。目前,几乎所有的计算机系统均配有汇编语言及其汇编系统。

3. 高级语言

用汇编语言进行程序设计虽然较机器语言方便,但仍然存在两个重要的缺陷:一是移植性极差;二是要求程序员熟悉所使用的计算机的硬件特性,并且编程工作量通常很大。为解决这两个问题,便出现了高级程序语言(简称为高级语言)。高级语言也被称为第三代语言。

高级语言是20 世纪50 年代中末期发展起来的面向问题的程序设计语言。高级语言的指令(或语句)一般都采用自然语言,并且使用与自然语言语法相近的自封闭语法体系,这使程序很容易设计和理解。

高级语言的最大特点是它独立于计算机硬件结构,从而使得同一程序可以在不同计算机系统上运行,因而它的可移植性较好。高级语言的另一特点是它可以让用户使用面向问题的形式,而不是用面向计算机的形式描述任务,所以使得程序员在编程时无须了解计算机的硬件特性,而可以将大部分精力放在理解和描述所要解决的问题上,并大大地简化了程序的编制和调试,使程序开发的效率得以大幅度提高。

目前,世界上已有数百种高级语言。目前主流语言有 Java, C++, C#, Python, JavaScript 等。

每一种高级语言在执行之前,都需要由机器系统中的编译程序或解释程序翻译成机

器能接受的目标代码,所以高级语言虽然通用性好、容易理解,但是占用内存大、运行慢。取其所长,上述三代语言可分别用在不同的场合。一般科学计算、数据处理采用高级语言比较合适,而实时控制因为速度要求高,则往往可采用汇编语言。

4. 高级语言程序的编译执行与解释执行

(1)编译方式执行程序

将高级语言源程序经过编译程序全部翻译成机器指令后,再将机器指令组成的目标程序交给计算机执行。执行目标程序时,将根据需要输入数据,同时把运行结果按指定的方式显示或打印,这种方式执行速度快,但占内存空间大。例如 Fortran,C/C + + 语言属于编译工作方式。其过程如图 8-6 所示。

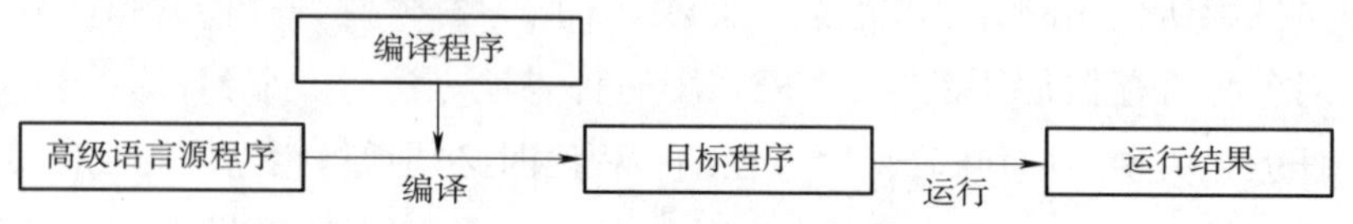

图 8-6　程序的编译执行

(2)解释方式执行程序

运行高级语言源程序时,由事先装入计算机的解释程序逐句翻译,解释一句,执行一句,即边翻译边执行,不产生整个目标程序。这种方式占内存空间小,但运行速度慢。例如 BASIC,JavaScript 等。解释执行过程如图 8-7 所示。

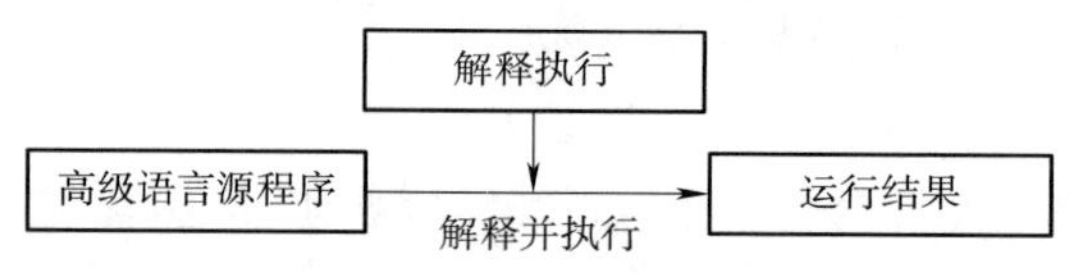

图 8-7　程序的解释执行

(3)JIT 方式执行程序

有些语言程序,如 Java 程序,采用了一种即时编译的技术。程序在首次执行时,先进行代码的编译工作,将其翻译成中间代码,然后对中间代码进行解释执行,最后得到运行结果;而在以后运行时不再执行编译过程,直接执行解释过程,从而提高了执行速度。

习　题

1. 计算机软件的确切含义是(　　)。

   A. 计算机程序、数据与相应文档的总称

   B. 系统软件与应用软件的总和

   C. 操作系统、数据库管理软件与应用软件的总和

   D. 各类应用软件的总称

2. 早期的计算机语言中,所有的指令、数据都用一串二进制数0和1表示,这种语言称为(　　)。

A. 机器语言　　B. 汇编语言　　C. 二进制语言　　D. 高级语言

3. 把用高级程序设计语言编写的程序转换成等价的可执行程序,必须经过(　　)。

A. 汇编和解释　　B. 编辑和链接　　C. 编译和链接　　D. 解释和编译

4. 以下关于编译程序的说法正确的是(　　)。

A. 编译程序属于计算机应用软件,所有用户都需要编译程序

B. 编译程序不会生成目标程序,而是直接执行源程序

C. 编译程序完成高级语言程序到低级语言程序的等价翻译

D. 编译程序构造比较复杂,一般不进行出错处理

5. 用高级程序设计语言编写的程序(　　)。

A. 计算机能直接执行　　B. 具有良好的可读性和可移植性

C. 执行效率高　　D. 依赖于具体机器

6. 以下关于编译程序的说法正确的是(　　)。

A. 编译程序直接生成可执行文件

B. 编译程序直接执行源程序

C. 编译程序完成高级语言程序到低级语言程序的等价翻译

D. 各种编译程序构造都比较复杂,所以执行效率高

7. 汇编语言是一种(　　)。

A. 依赖于计算机的低级程序设计语言　　B. 计算机能直接执行的程序设计语言

C. 独立于计算机的高级程序设计语言　　D. 执行效率较低的程序设计语言

8. 计算机之所以能按人们的意图自动进行工作,最直接的原因是因为采用了(　　)。

A. 二进制　　B. 高速电子元件　　C. 程序设计语言　　D. 存储程序控制

9. 面向对象的程序设计语言是一种(　　)。

A. 依赖于计算机的低级程序设计语言　　B. 计算机能直接执行的程序设计语言

C. 可移植性较好的高级程序设计语言　　D. 执行效率较高的程序设计语言

10. 面向对象的程序设计语言是(　　)。

A. 汇编语言　　B. 机器语言　　C. 高级程序语言　　D. 形式语言

11. 计算机硬件能直接识别、执行的语言是(　　)。

A. 汇编语言　　B. 机器语言　　C. 高级程序语言　　D. C++语言

12. 以下程序设计语言是低级语言的是(　　)。

A. FORTRAN 语言　　B. Java 语言

C. Visual Basic 语言　　D. 80X86 汇编语言

13. 与高级语言相比,汇编语言编写的程序通常(　　)。

A. 执行效率更高　　B. 更短　　C. 可读性更好　　D. 移植性更好

14. 下列各类计算机程序语言中,不属于高级程序设计语言的是(　　)。

A. Visual Basic 语言　　B. C + +语言

C. FORTAN 语言　　D. 汇编语言

15. 下列叙述中,正确的是(　　)。

A. C + +是一种高级程序设计语言

B. 用 C + +程序设计语言编写的程序可以无须经过编译就能直接在机器上运行

C. 汇编语言是一种低级程序设计语言,且执行效率很低

D. 机器语言和汇编语言是同一种语言的不同名称

16. 下列叙述中,正确的是(　　)。

A. 高级语言编写的程序可移植性差

B. 机器语言就是汇编语言,无非是名称不同而已

C. 指令是由一串二进制数 0 和 1 组成的

D. 用机器语言编写的程序可读性好

17. 编译程序将高级语言程序翻译成与之等价的机器语言程序,该机器语言程序称为(　　)。

A. 工作程序　　B. 机器程序　　C. 临时程序　　D. 目标程序

18. 为了提高软件开发效率,开发软件时应尽量采用(　　)。

A. 汇编语言　　B. 机器语言　　C. 指令系统　　D. 高级语言

第九章 计算机网络安全技术

9.1 网络安全概述

在网络诞生之初，并没有像今天这样面临诸多的安全问题，因为那时的网络主要用于军事和科学研究领域。但是网络的飞速发展使得如今人们的工作和生活越来越离不开它，网络在社会工作和生活中的作用与地位也越来越重要。于是，网络的安全问题（见图 9-1）便显现出来。例如，“黑客”活动的日益猖獗、病毒的泛滥、Windows 的诸多漏洞、技术手段的不完备等等。

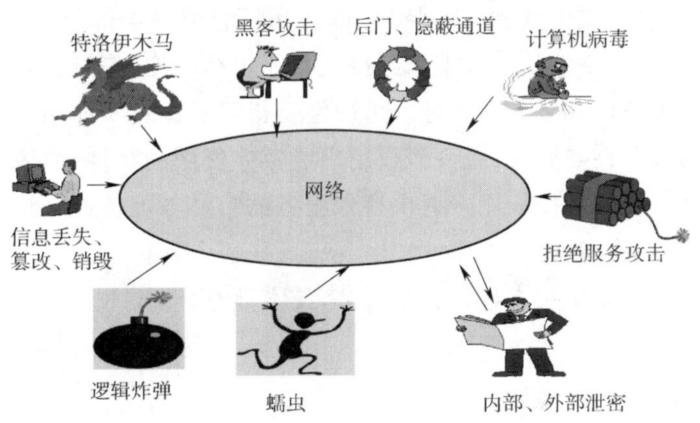

图 9-1　网络环境中的各种不安全因素

计算机网络存在的安全威胁主要包括以下几个方面：

①物理威胁：指偷窃、火灾、水灾、停电等。

②假冒：非法用户假冒合法用户身份获取系统敏感信息。

③窃取：非法用户通过各种手段（如使用网络嗅探器 Sniffer）截获网络中的通信数据。

④非授权访问：非法用户通过各种手段（如植入木马程序进行远程控制）访问其无权访问的系统或数据文件。

⑤拒绝服务：非法用户通过各种手段（如拒绝服务攻击 DOS）使合法用户的正当服务申请被拒绝、延迟或更改等。

造成这些安全威胁的根源主要是天灾、人为因素以及系统和网络自身的缺陷。天灾是指不可控制的自然灾害,如雷击、地震等。人为因素可分为有意和无意两种:人为无意因素是指各种误操作,如文件的误删除、输入错误的数据等;人为有意因素是指人为的恶意攻击,如窃听网络通信信道、DOS 攻击等。系统和网络自身的缺陷包括软件漏洞、TCP/IP 的自身安全问题(如明文传输)、网络服务的不安全(如使用 TCP/IP 协议的网络所提供的 FTP,E-mail,RPC 和 NFS 等服务都包含许多不安全因素,存在着许多安全漏洞)等。

计算机网络安全就是指保护网络系统的硬件、软件及其系统中的数据,不因偶然或者恶意的原因而遭到破坏、更改和泄露。确保系统能连续、可靠、正常地运行,使网络服务不中断。

从本质上讲,网络安全就是网络上信息的安全。

网络安全包括物理安全和逻辑安全。物理安全指的是网络系统中的通信设备、计算机设备等相关设施的物理保护,包括场地环境保护、防盗措施、防火措施、防雷击措施、防水措施、防静电措施、电源保护、空调设备、计算机及网络设备的辐射等。逻辑安全指的是保证网络中信息的保密性、完整性、可用性和可控性。保密性是指信息不泄漏给非授权的用户、实体或过程,或供其利用的特性,即防止信息泄漏给非授权个人或实体,信息只供授权用户使用。完整性是指数据未经授权不能进行改变,信息在存储或传输过程中保持不被修改、不被破坏和丢失的特性。可用性是指可被授权实体访问并按需求使用的特性,即网络信息服务在需要时,允许授权用户或实体使用的特性,或者是网络部分受损或需要降级使用时,仍能为授权用户提供有效服务的特性。可控性是指对信息的传播及信息的内容具有控制能力。

目前,常用的网络安全技术包括:数据加密技术、防火墙技术、入侵检测技术、计算机病毒防范技术等。

9.2 数据加密技术

作为一项基本的网络安全技术,数据加密是所有通信安全的基石,也是网络安全最有效的技术之一。一个加密网络,不但可以防止非授权用户的搭线窃听和入网,而且也是对付恶意软件的有效方法之一。

数据加密过程是由各种各样的密码算法来实现,它以很小的代价提供很大的安全保护。根据密钥的不同,密码算法分为对称密码算法和非对称密码算法(也称为公钥密码算法或公钥算法)。

对称密码算法是指加密一方和解密一方所用的密钥是一样的。常用的对称密码算法有 DES,3DES,AES,RC4,RC5 等。在这些对称密码算法中,影响最大的是 DES 算法。对称密码算法的最大优点就是加密速度快,所以一般用于加密数据量较大的场合。但是由于加解密双方的密钥一样,所以密钥必须通过安全的途径传送,其密钥管理成为系统安全的重要因素。

非对称密码算法是指加密一方和解密一方所用的密钥是不同的,而且几乎不可能从加密密钥推导出解密密钥。常用的非对称密码算法有 RSA,背包密码,Diffe Heltman,Rabin,椭圆曲线等。在这些非对称密码算法中影响最大的是 RSA,它能抵抗到目前为止已知的所有密码攻击。非对称密码算法的最大优点就是加密强度大,密钥管理较为简单,可以方便地实现数字签名,但是其算法复杂,加解密数据的速度较低。

在实际应用中,人们通常将对称密码算法和非对称密码算法结合在一起使用,如利用 DES 或者 AES 来加密数据信息,而采用 RSA 来传递加解密这些数据信息所用的密钥。

一般的数据加密可以在通信的链路加密、结点加密和端到端加密三个层次中实现。

(1)链路加密

链路加密在数据链路层进行,并对相邻结点之间的链路上所传输的所有数据进行加密。对于链路加密,所有消息在被传输之前进行加密,在每一个结点处对接收到的消息进行解密,然后先使用下一个链路的密钥对消息进行加密,再进行传输。在到达目的地之前,一条消息可能要经过多个通信链路的传输。

由于在每一个中间传输结点消息均被解密后重新进行加密,使得包括路由信息在内的链路上的所有数据均被加密,这样,链路加密就掩盖了被传输消息的源点与终点。

(2)结点加密

结点加密在操作形式上与链路加密是类似的,两者均在通信链路上为传输的数据提供安全性,都在中间结点先对数据进行解密,然后进行加密。因为要对所有传输的数据进行加密,所以加密过程对用户是透明的。

与链路加密不同的是,结点加密要求报头和路由数据以明文形式传输,以便中间结点能知道如何处理这些数据。

(3)端到端加密

端到端加密允许数据在从源点到终点的传输过程中以密文形式存在,传输的加密数据在到达终点之前不进行解密。因为数据在整个传输过程中均受到保护,所以即使有结点被损坏,也不会使数据泄漏。

端到端加密系统通常不允许对数据包的目的地址进行加密,因为消息经过的每一个结点都要用此地址来确定如何传输消息(即路由选择)。

9.3 防火墙技术

互联网虽然为人们提供了广泛的信息资源共享环境,但同时也带来了信息被破坏等不安全因素,防火墙(Firewall)的创建就是为了保护互联网中信息资源的安全。防火墙的名字来源于古时候人们在自己住的地方砌起的一道防御火灾的砖墙,和古时候那道防御

火灾的砖墙的作用一样，防火墙是网络安全的第一道屏障，也是最先受到人们重视的安全产品之一。防火墙可以看作是内部网络（被保护网络）和外部网络（如互联网）的有效隔离，如图9-2所示。

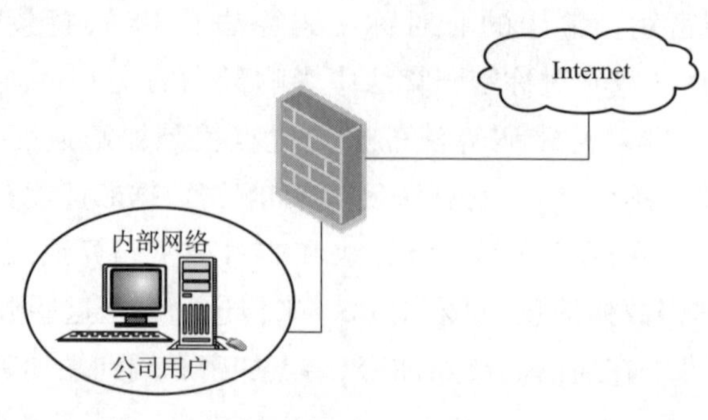

图9-2　网络中的防火墙

（1）防火墙的定义和功能

防火墙的定义有很多，概括起来就是设置在被保护网络（内联子网和局域网）与公共网络（如Internet）或其他网络之间，并位于被保护网络边界的，对进出被保护网络的信息实施访问控制策略（通过/阻断/丢弃）的软硬件部件或部件集。可见，被保护网络和外部网络（如Internet）之间的所有通信数据流都必须经过防火墙，而且只有符合访问控制策略允许（如“通过”）的数据流才能通过防火墙。

防火墙其实就是一个保护设施，防止非法入侵，主要功能有以下三个方面：

①防火墙过滤进出网络的数据，禁止某些信息或未授权的用户访问受保护的网络，过滤不安全的服务和非法用户，如Finger，NFS等，并限制某些用户或严格控制的站点的信息被非法使用。

②防火墙可以允许被保护网络的一部分主机被外部网络访问，而另一部分被保护起来。例如，被保护网络中的Mail，FTP，WWW服务器等可被外部网络访问，而外部网络对其他服务器的访问则被禁止。

③防火墙可以记录进出网络的信息和活动，并提供审计功能。

利用防火墙还可以对被保护网络内部再进行划分，实现重点网段的分离，限制安全问题的扩散。

（2）防火墙产品的发展

防火墙产品的发展可以划分为四个阶段。

第一代防火墙——基于路由器的防火墙：如图9-3所示，其实就是在路由器上实现包过滤防火墙功能，即以访问控制表方式实现分组过滤，过滤

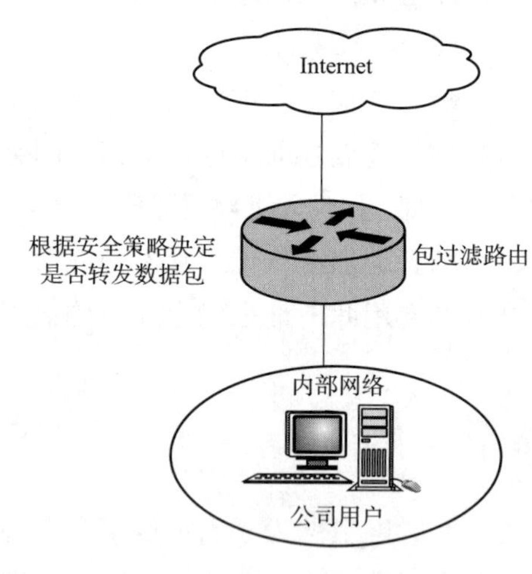

图9-3　第一代防火墙

的依据是 IP 地址、端 13 号等网络特征。

第二代防火墙——用户化的防火墙工具软件:将过滤功能从路由器中独立出来,并加上审计和报警功能,同时针对用户需求提供模块化的软件包。

第三代防火墙——建立在操作系统上的防火墙:包括分组过滤或借用路由器的分组过滤功能,可以监控所有协议的数据。

第四代防火墙——具有安全操作系统的防火墙:防火墙厂商拥有操作系统的源代码,并可实现安全内核;对安全内核实现加固处理,即去掉不必要的系统特性,强化安全保护;在功能上包括分组过滤、代理服务、加密与鉴别以及计算机病毒防护检测等。

目前,市场上的防火墙产品大部分都是具有安全操作系统的软硬件结合的防火墙。

(3)防火墙的区域划分

通过防火墙可以把网络划分为三个区域:内部网络、外部网络(如 Internet)和非军事区(DeMilitarized Zone,DMZ),如图 9-4 所示。其中,非军事区(DMZ)并非是一个可信的网络区域,它提供一个同内部网络分开的区域,可供人们(如企业员工、商业合作伙伴等)通过 Internet 访问它。DMZ 是非保护的网络区域,通常用网络访问控制来划定,一般设定的访问规则是允许外部用户访问 DMZ 中的相应服务。通常在 DMZ 中放置邮件系统、Web 服务器、外部 DNS 以及其他外部可访问的应用系统。

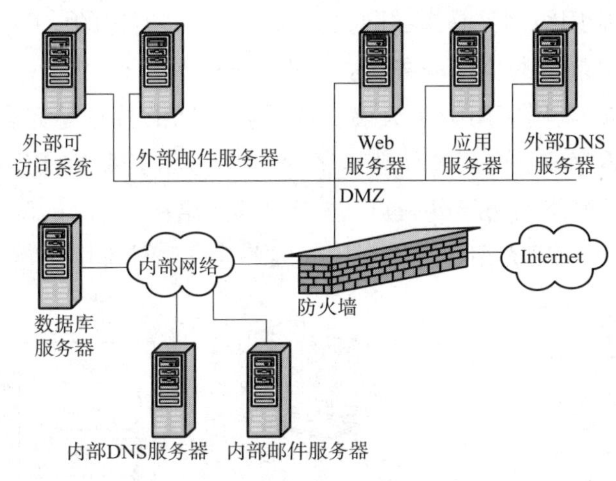

图 9-4　DMZ 区示意图

9.4　防火墙的实现技术

防火墙的实现技术有很多,主要有包过滤、状态检测、应用级网关(代理服务器)等。

包过滤(Packet Filtering)防火墙属于网络层(即 IP 层)防火墙,如图 9-5 所示,它截获每个通过它的 IP 包的报头信息,并进行安全检查,如果通过检查,就将该 IP 包正常转发出去,否则,阻止该 IP 包通过。它利用 TCP/IP 协议的 IP 地址和 TCP 或 UDP 源与目的端

口等信息实现包过滤功能。

包过滤防火墙的优点是逻辑简单、价格便宜、对网络性能影响小,而且它的工作与应用层无关,无须改动主机上的应用程序,对用户是透明的,但是配置基于包过滤方式的防火墙,需要对 IP,TCP,UDP,ICMP 等各种协议有深入的了解,否则容易出现因配置不当带来的安全问题。包过滤防火墙在进行数据包过滤时只判断网络层和传输层的有限信息,对于应用层出现的安全问题无能为力,而且因数据包的地址及端口号都在数据包的头部,所以不能彻底防止 IP 地址欺骗,此外,这种防火墙允许外部客户和内部主机的直接连接,不提供用户的鉴别机制。

状态检测防火墙就是在包过滤防火墙基础上,加入状态记录和检测。这个状态是针对传输层中的 TCP 连接状态而言的。这种防火墙会记录当前 TCP 连接处于"三次握手"的哪个阶段,从而判断后续的相关 TCP 数据包是否合法,是否能通过防火墙。如:从内网某主机 A 向外网某主机 B 首先发起 TCP 连接,那么 A 首先要发送 SYN 请求数据包,通过防火墙到达 B(防火墙会记录该次 TCP 连接,同时记录连接状态是 SYN),若 B 同意此次连接,会发送一个 SYN + ACK 的响应数据包通过防火墙,这时防火墙会查找相应连接,根据之前记录的连接状态 SYN 判断这个 SYN + ACK 的数据包是不是 SYN 的响应,若是,则通过,否则阻断。

如图 9-6 所示,应用级网关是指在网关上执行的一些特定的应用程序或服务器程序,它们分别代表两个端系统的应用服务,这些程序统称为代理(Proxy)程序,因此,应用层网关又称为代理防火墙,属应用级防火墙。这类防火墙的特点是完全隔离网络流量,用户通过对每种应用程序安装专门的代理程序,实时监视和控制应用层的数据流量。这种防火墙既可位于内部网络的边界处,也可位于内部网络中(这时的防火墙必须配置有关应用代理服务,而且内部网必须通过应用代理服务才能与外部网络连接)。

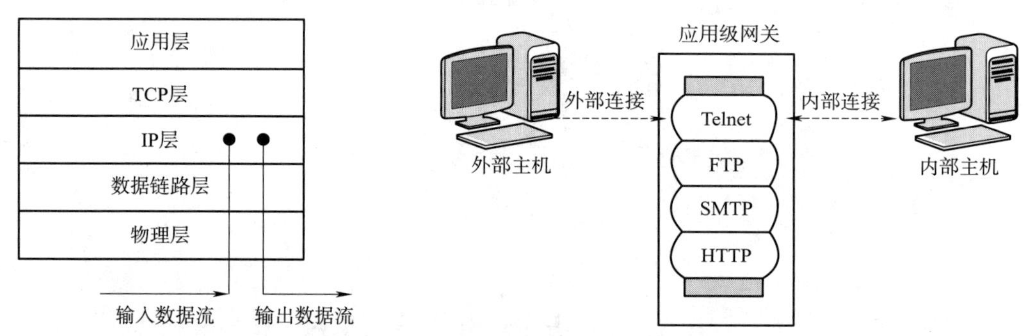

图 9-5　防火墙包过滤的实现技术

图 9-6　应用级网关

应用层网关能彻底隔断内网与外网的直接通信,内网用户对外网的访问转交由防火墙对外网的访问,同样的外网用户对内网的访问也转交由防火墙对内网的访问,任何时候都不允许内外网主机的直接连接。

应用层网关的优点除了检测网络层和传输层协议的特征以外,还能检查应用层协议的特征,因此它可以提供比包过滤更详细的日志记录,如在一个 HTTP 连接中,包过滤只能记录单个的数据包,无法记录文件名、URL 等信息,而应用层网关能把这些信息都记录下来。

应用层网关的缺点是速度比包过滤防火墙慢,而且对用户不透明(用户需要为每种应用安装相应的代理程序),给用户的使用带来不便。

9.5 入侵检测技术

防火墙不能保证绝对的安全,因为防火墙不能防范不经由防火墙的攻击,不能防止受到病毒感染的软件或文件的传输,不能抵御来自内部的攻击。作为防火墙的有益补充,入侵检测(Intrusion Detection)技术可以帮助对付网络攻击,实时监控网络安全状态。在网络安全防御体系中,防火墙就好比是保险箱,而入侵检测系统就好比是监视器。

1. 入侵检测的定义和功能

入侵检测,是指对入侵行为的发觉。它通过在计算机网络或计算机系统中的若干关键点收集信息,并对收集到的信息进行分析,从而判断网络或系统中是否有违反安全策略的行为和被攻击的迹象。从定义可以看出,入侵检测的一般过程是:信息收集、信息(数据)预处理、数据的检测分析、根据安全策略做出响应,如图 9-7 所示。

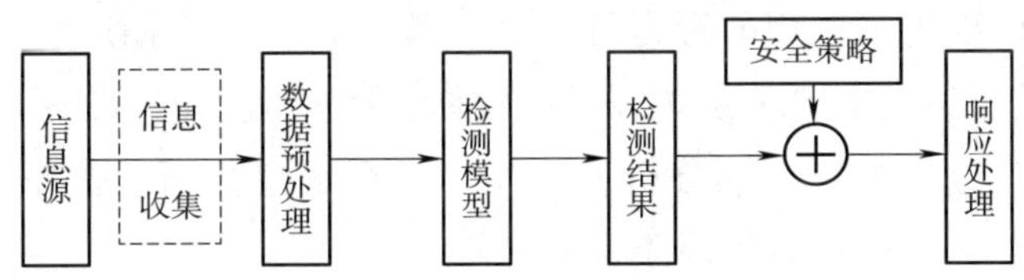

图 9-7 入侵检测过程

入侵检测系统(Intrusion Detection System,IDS)是指完成入侵检测功能的软件、硬件及其组合。它可以检测、识别和隔离入侵企图或计算机的未授权使用。具体来说,IDS 可以监控、分析用户和系统的活动,发现入侵企图或异常现象,还可以审计系统的配置和弱点,评估系统和数据文件的完整性,统计分析异常活动,识别攻击的模式,实时报警等。因此,使用 IDS 可以提高网络安全管理的效率和准确性,同时减轻网络管理员的负担,降低对网络管理员的技术要求。

2. IDS 基本结构

入侵检测系统包括三个功能组件:信息收集、信息分析和结果处理。

入侵检测的第一步是信息收集,收集内容包括系统、网络、数据及用户活动的状态和行为,而且需要在计算机网络系统中的若干个不同关键点(不同网段和不同主机)收集信息,这样做是为了尽可能扩大检测范围,因为从一个源获取的信息有可能看不出疑点,但由几个源共同获取的信息可以发现可疑行为或入侵。

当然,入侵检测在很大程度上依赖于收集信息的可靠性和正确性。这需要保证用来

检测网络系统的软件的完整性和可靠性，特别是入侵检测系统软件本身应具有相当强的坚固性，防止被篡改而收集到错误的信息。

入侵检测收集的信息一般来源于以下四个方面：

①系统或网络的日志文件：黑客经常在系统或网络日志文件中留下他们的踪迹。日志中隐藏着发生在系统或网络上的不寻常和不期望行为的证据。通过查看这些日志信息，可以发现准备入侵、正在入侵或已经入侵的痕迹。

②网络流量：通过分析网络流量，可以发现那些带有"特征码"的网络攻击（包括尝试攻击、正在攻击和攻击之后）数据包，从而发现入侵行为。

③系统目录和文件的异常变化：网络环境中的文件系统包含很多软件和数据文件，包含重要信息的文件和私有数据文件经常是黑客修改或破坏的目标。目录和文件中的不期望的改变（包括修改、创建和删除），特别是那些正常情况下属于限制访问的目录和文件中的改变，很可能就是一种入侵行为的信号。入侵者经常替换、修改和破坏他们已经获得访问权的系统上的文件，同时为了隐藏系统中他们的行为痕迹，都会尽力去替换系统程序或修改系统日志文件。

④程序执行中的异常行为：黑客可能会将系统或网络中运行的程序或服务进行分解，从而导致它失败，或是不按用户或管理员意图的方式操作这些正在运行的程序或服务。因此，一个程序出现不期望的行为可能表明黑客正在入侵系统。

对于上述四类收集到的有关系统、网络、数据及用户活动的状态和行为的信息，一般通过模式匹配、统计分析和完整性分析三种技术进行信息分析。其中，模式匹配和统计分析属于实时分析，而完整性分析属于事后分析。

模式匹配就是将收集到的信息与已知的网络入侵和系统误用模式数据库进行比较，从而发现违背安全策略的行为。一般来讲，一种攻击模式可以用一个过程（如执行一条指令）或一个输出（如获得权限）来表示。该过程可以很简单（如通过字符串匹配以寻找一个简单的条目或指令），也可以很复杂（如利用正规的数学表达式来表示安全状态的变化）。

统计分析方法首先给系统对象（如用户、文件和目录等）创建一个统计描述以及统计正常使用时的一些测量属性（如访问次数、操作失败次数和延时等），根据测量属性的平均值确定正常值的范围。这个值将被用来与网络和系统的实际行为测量属性值进行比较，若实际值在正常值范围之外时，就认为有入侵发生。如图 9-8 所示，是一种采用统计分析方法的入侵检测系统示意图。

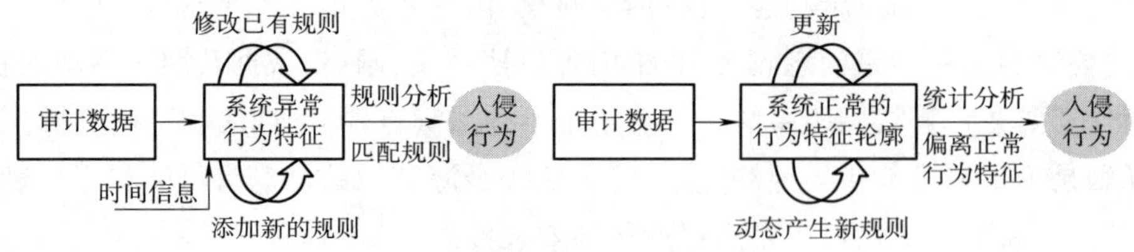

图 9-8　入侵行为的判断模型

完整性分析主要关注某个文件或对象是否被更改。通过检查系统的当前配置,诸如系统文件的内容(通常包括文件和目录的内容及属性)或者注册表,来检查系统是否已经或者可能会遭到破坏。完整性分析的优点是不管模式匹配方法和统计分析方法能否发现入侵,只要攻击导致了文件或其他对象的任何改变,它都能够发现。但是完整性分析一般是一种事后分析,不利于实时响应。

结果处理是指 IDS 在检测到入侵行为时,会进行报警,向网络管理员提示有入侵行为,等待进一步的处理(如关闭相应的入侵端口等)。根据各机构网络安全需求的不同,可选择不同的报警方式。此外,如果网络中 IDS 和防火墙实现了联动的话,那么 IDS 会把入侵行为向防火墙"报告",防火墙根据 IDS 提供的入侵行为的相关信息(如 IP 地址、端口号等)增加响应的规则(如切断与该 IP 地址相关的所有连接,关闭相应端口等)。

3. IDS 的分类

根据入侵检测系统的检测对象和工作方式的不同,入侵检测系统主要分为三大类:基于主机的入侵检测系统(NIDS)、基于网络的入侵检测系统(HIDS)和分布式入侵检测系统。

如图 9-9 所示,基于主机的 IDS 检测的主要目标是主机系统和系统本地用户,入侵检测系统运行在被检测的主机或单独的主机上,即在每个需要保护的主机上运行一个代理程序,根据主机的审计数据和系统日志发现可疑事件。该类 IDS 能够及时发现操作系统所受到的侵害,并且由于它保存一定的校验信息和所有系统文件的变更记录,所以在一定程度上还可以实现系统恢复。

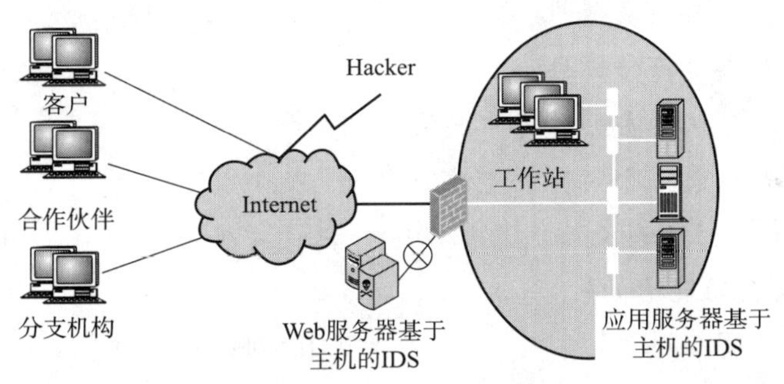

图 9-9　基于主机的 IDS 检测

如图 9-10 所示,基于网络的入侵检测系统根据网络流量、网络数据包和协议来分析检测入侵,这种 IDS 以原始的数据包作为进行攻击分析的数据源,利用网络适配器(如网卡)来实时监视并分析通过网络进行传输的所有数据信息,一旦检测到攻击,这种 IDS 的响应模块通过通知、报警以及中断连接等方式对攻击行为做出反应。

系统的弱点或漏洞分散在网络中各个主机上,这些弱点有可能被入侵者一起用来攻击网络,仅仅依靠单一的主机 IDS 或网络 IDS,都不能发现入侵行为。而且随着攻击技术的发展,网络入侵已不再是单一的行为,而是表现出相互协作入侵的特点,使得入侵检测

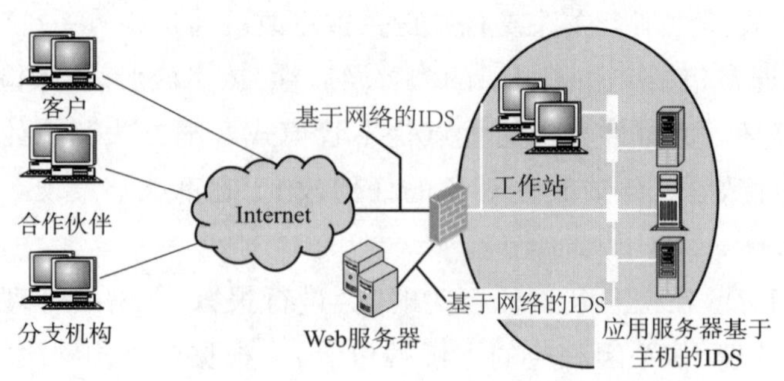

图 9-10　基于网络的入侵检测

所依靠的数据来源分散,收集原始检测数据变得困难。再加上网络速度加快,流量加大,传统 IDS 集中处理数据的方式容易造成检测瓶颈,从而导致漏检。

以上的这些原因导致了分布式入侵检测系统的出现,这种入侵检测系统是采用基于主机的 IDS 和基于网络的 IDS 结合的入侵检测系统,汲取各自的长处,又弥补了各自的不足。通常,这样的系统采用分布式结构,由多个部件组成,它能同时分析来自主机系统的审计数据以及来自网络的数据流量信息。

习　　题

1. 下列关于计算机病毒的叙述中,错误的是(　　)。

   A. 计算机病毒具有潜伏性

   B. 计算机病毒具有传染性

   C. 感染过计算机病毒的计算机具有对该病毒的免疫性

   D. 计算机病毒是一个特殊的寄生程序

2. 计算机病毒是指能够侵入计算机系统并在计算机系统中潜伏、传播,破坏系统正常工作的一种具有繁殖能力的(　　)。

   A. 流行性感冒病毒　　B. 特殊小程序

   C. 特殊微生物　　D. 源程序

3. 下列关于计算机病毒的说法中,正确的是(　　)。

   A. 计算机病毒是对计算机操作人员身体有害的生物病毒

   B. 计算机病毒发作后,将造成计算机硬件永久性的物理损坏

   C. 计算机病毒是一种通过自我复制进行传染的、破坏计算机程序和数据的小程序

   D. 计算机病毒是一种有逻辑错误的程序

4. 造成计算机中存储数据丢失的原因主要是(　　)。

   A. 病毒侵蚀、人为窃取　　B. 计算机电磁辐射

   C. 计算机存储器硬件损坏　　D. 全部

5. 蠕虫病毒属于(　　)。

A. 宏病毒　　B. 网络病毒　　C. 混合型病毒　　D. 文件型病毒

6. 下列关于计算机病毒的叙述中,正确的是(　　)。

A. 反病毒软件可以查、杀任何种类的病毒

B. 计算机病毒是一种被破坏了的程序

C. 反病毒软件必须随着新病毒的出现而升级,增强查、杀病毒的功能

D. 感染过计算机病毒的计算机具有对该病毒的免疫性

7. 计算机感染病毒的可能途径之一是(　　)。

A. 从键盘上输入数据

B. 随意运行外来的、未经消病毒软件严格审查的软盘上的软件

C. 所使用的软盘表面不清洁

D. 电源不稳定

8. 随着 Internet 的发展,越来越多的计算机感染病毒的可能途径之无是(　　)。

A. 从键盘上输入数据

B. 通过电源线

C. 所使用的光盘表面不清洁

D. 通过 Internet 的 E-mail 附着在电子邮件的信息中

9. 防火墙是指(　　)。

A. 一个特定软件　　B. 一个特定硬件

C. 执行访问控制策略的一组系统　　D. 一批硬件的总称

10. 一般而言,Internet 环境中的防火墙建立在(　　)。

A. 每个子网的内部　　B. 内部子网之间

C. 内部网络与外部网络的交叉点　　D. 其他 3 个都不对

11. 计算机安全是指计算机资产安全,即(　　)。

A. 计算机信息系统资源不受自然有害因素的威胁和危害

B. 信息资源不受自然和人为有害因素的威胁和危害

C. 计算机硬件系统不受人为有害因素的威胁和危害

D. 计算机信息系统资源和信息资源不受自然和人为有害因素的威胁和危害

12. 防火墙用于将 Internet 和内部网络隔离,因此它是(　　)。

A. 防止 Internet 火灾的硬件设施

B. 抗电磁干扰的硬件设施

C. 保护网线不受破坏的软件和硬件设施

D. 网络安全和信息安全的软件和硬件设施

13. 下列叙述中,正确的是(　　)。

A. 计算机病毒只在可执行文件中传染,不执行的文件不会传染

B. 计算机病毒主要通过读/写移动存储器或 Internet 网络进行传播

C. 只要删除所有感染了病毒的文件就可以彻底消除病毒

D. 计算机杀病毒软件可以查出和清除任意已知的和未知的计算机病毒

14. 为了防止信息被别人窃取,可以设置开机密码,下列密码设置最安全的是(　　)。

A. 12345678　　B. nd@ YZ@ g1　　C. NDYZ　　D. Yingzhong

15. 下列选项属于"计算机安全设置"的是(　　)。

A. 定期备份重要数据　　B. 不下载来路不明的软件及程序

C. 停掉 Guest 账号　　D. 安装杀(防)毒软件

计算机领域的新技术

10.1 云 计 算

云计算作为一个新的技术趋势已经得到了快速的发展,云计算提供的服务,从根本上已经彻底改变了当前的工作方式,也改变了传统软件工程企业的思路,云计算是一个动态的技术。各种崭新的云计算应用概念也被提出来,比如智慧城市、虚拟化、公共云、私有云、云存储等等。只有对云计算有了认知,才能更好地展望云计算的发展趋势,掌握与体验新近出现的云计算应用,最终理解云计算应用所带来的优势。

10.1.1 云计算的概念

云计算(cloud computing)是分布式计算的一种,指的是通过网络“云”将巨大的数据计算处理程序分解成无数个小程序,然后,通过多部服务器组成的系统进行处理和分析这些小程序得到结果并返回给用户。云计算早期,简单地说,就是简单的分布式计算,解决任务分发,并进行计算结果的合并。因而,云计算又称为网格计算。通过这项技术,可以在很短的时间内(几秒钟)完成对数以万计的数据的处理,从而达到强大的网络服务。

云计算是架构在虚拟化(Virtuaization)基础上的一种业务形态。

“云”实质上就是一个网络,狭义上讲,云计算就是一种提供资源的网络,使用者可以随时获取“云”上的资源,按需求量使用,并且可以看成是无限扩展的,只要按使用量付费就可以,“云”就像自来水厂一样,我们可以随时接水,并且不限量,按照自己家的用水量,付费给自来水厂就可以。从广义上说,云计算是与信息技术、软件、互联网相关的一种服务,这种计算资源共享池称为“云”,云计算把许多计算资源集合起来,通过软件实现自动化管理,只需要很少的人参与,就能让资源被快速提供。也就是说,计算能力作为一种商品,可以在互联网上流通,就像水、电、煤气一样,可以方便地取用,且价格较为低廉。

云计算不是一种全新的网络技术,而是一种全新的网络应用概念,云计算的核心概念就是以互联网为中心,在网站上提供快速且安全的云计算服务与数据存储,让每一个使用互联网的人都可以使用网络上的庞大计算资源与数据中心。

云计算是继互联网、计算机后在信息时代又一种新的革新,云计算是信息时代的一个大飞跃,未来的时代可能是云计算的时代,虽然目前有关云计算的定义有很多,但总体上来说,云计算虽然有许多含义,但概括来说,云计算的基本含义是一致的,即云计算具

有很强的扩展性和需要性,可以为用户提供一种全新的体验,云计算的核心是可以将很多的计算机资源协调在一起。因此,使用户通过网络就可以获取到无限的资源,同时获取的资源不受时间和空间的限制。

10.1.2 云计算的产生背景

互联网自1960年开始兴起,主要用于军方、大型企业等之间的纯文字电子邮件或新闻集群组服务。直到1990年才开始进入普通家庭,随着Web网站与电子商务的发展,网络已经成为了目前人们离不开的生活必需品之一。云计算这个概念首次在2006年8月的搜索引擎会议上提出,成为了互联网的第三次革命。它是计算机技术和网络技术等多种技术融合发展的产物,其成熟度较高,又有Google、Amazon、IBM、Microsoft、VMware、Salesforce、阿里云、百度云等大公司推动,发展极为迅速。

近几年来,云计算也正在成为信息技术产业发展的战略重点,全球的信息技术企业都在纷纷向云计算转型。我们举例来说,每家公司都需要做数据信息化,存储相关的运营数据,进行产品管理、人员管理、财务管理等,而进行这些数据管理的基本设备就是计算机了。

对于一家企业来说,一台计算机的运算能力是远远无法满足数据运算需求的,那么公司就要购置一台运算能力更强的计算机,也就是服务器。而对于规模比较大的企业来说,一台服务器的运算能力显然还是不够的,那就需要企业购置多台服务器,甚至演变成为一个具有多台服务器的数据中心,而且服务器的数量会直接影响这个数据中心的业务处理能力。除了高额的初期建设成本之外,在计算机的运营支出中花费在电费上的金钱要比投资成本高得多,再加上计算机和网络的维护支出,这些总的费用是中小型企业难以承担的,于是云计算的概念便应运而生了。

云计算预示着我们储存信息和运行应用程序的方式将发生重大变化。程序和数据不再运行和存放在个人台式计算机上,相反,一切都托管到“云”中——一个云状的、可通过因特网访问的、由个人计算机和服务器构成的集合。云计算能够让人们从世界上的任何地方访问所有的应用程序和文件,且不再受到桌面的限制,因而使得异地群组成员之间的协作变得更加容易。

从计算方式来说,云计算的出现相当于一个世纪以前的电力革命。在电力公用设施出现之前,每个农场和企业都利用各自的发电机单独发电。电网建成之后,农场和企业关闭了自己的发电机,改为从公用企业购买电力,其价格比他们自己生产更低(可靠性更高)。

10.1.3 云计算的特点

云计算的可贵之处在于高灵活性、可扩展性和高性比等,与传统的网络应用模式相比,其具有如下优势与特点:

(1)虚拟化技术

必须强调的是,虚拟化突破了时间、空间的界限,是云计算最为显著的特点,虚拟化技术包括应用虚拟和资源虚拟两种。众所周知,物理平台与应用部署的环境在空间上是没有任何联系的，正是通过虚拟平台对相应终端操作完成数据备份、迁移和扩展等。

(2)动态可扩展

云计算具有高效的运算能力，在原有服务器基础上增加云计算功能能够使计算速度迅速提高，最终实现动态扩展虚拟化的层次达到对应用进行扩展的目的。

(3)按需部署

计算机包含了许多应用、程序软件等，不同的应用对应的数据资源库不同，所以用户运行不同的应用需要较强的计算能力对资源进行部署，而云计算平台能够根据用户的需求快速配备计算能力及资源。

(4)灵活性高

目前市场上大多数 IT 资源、软件、硬件都支持虚拟化，比如存储网络、操作系统和开发软、硬件等。虚拟化要素统一放在云系统资源虚拟池当中进行管理，可见云计算的兼容性非常强，不仅可以兼容低配置机器、不同厂商的硬件产品，还能够外设获得更高性能的计算。

(5)可靠性高

倘若服务器故障也不会影响计算与应用的正常运行。因为单点服务器出现故障可以通过虚拟化技术将分布在不同物理服务器上面的应用进行恢复或利用动态扩展功能部署新的服务器进行计算。

(6)性价比高

将资源放在虚拟资源池中统一管理，在一定程度上优化了物理资源，用户不再需要昂贵、存储空间大的主机，可以选择相对廉价的 PC 组成云，一方面减少费用，另一方面计算性能不逊于大型主机。

(7)可扩展性

用户可以利用应用软件的快速部署条件，从而为简单快捷的将自身所需的已有业务以及新业务进行扩展。例如，计算机云计算系统中出现设备的故障，对于用户来说，无论是在计算机层面上，亦或是在具体运用上均不会受到阻碍，可以利用计算机云计算具有的动态扩展功能来对其他服务器开展有效扩展，这样就能够确保任务得以有序完成。在对虚拟化资源进行动态扩展的情况下，同时能够高效扩展应用，提高计算机云计算的操作水平。

10.1.4 云计算的分类

1. 按照服务类型

1)基础设施即服务(IaaS)

IaaS(Infrastructure as a Service)，是指基础设施即服务，是云计算主要的服务类型之一。是指把 IT 基础设施作为一种服务通过网络对外提供，并根据用户对资源的实际使用量或占用量进行计费的一种服务模式。如虚拟机、存储、网络和操作系统。

Amazon EC2 这类云为用户提供的是底层的，接近于直接操作硬件资源的服务接口。通过调用这些接口，用户可以直接获得计算和存储能力，而且非常自由灵活，几乎不受逻

辑上的限制。但是用户需要进行大量的工作来设计和实现自己的应用,因为基础设施云除了为用户提供计算和存储等基础功能外,不进一步做任何应用类型的假设。

2)平台即服务(PaaS)

PaaS(Platform as a Service),是指平台即服务。把服务器平台作为一种服务提供的商业模式,通过网络进行程序提供的服务称之为SaaS(Software as a Service),是云计算三种服务模式之一,而云计算时代相应的服务器平台或者开发环境作为服务进行提供就成为了PaaS(Platform as a Service),为开发人员提供通过全球互联网构建应用程序和服务的平台。PaaS为开发、测试和管理软件应用程序提供按需开发环境。

3)软件即服务(SaaS)

SaaS(Software as a Service),意思为软件即服务,即通过网络提供软件服务。SaaS平台供应商将应用软件统一部署在自己的服务器上,客户可以根据工作实际需求,通过互联网向厂商订购所需的应用软件服务,按订购的服务多少和时间长短向厂商支付费用,并通过互联网获得SaaS平台供应商提供的服务。

2. 按服务方式分类

业界按照云计算提供者与使用者的所属关系作为划分标准,将云计算划分为三类:公有云、私有云和混合云。

1)公有云

公有云一般可通过Internet使用,可能是免费或成本低廉的,公有云的核心属性是共享资源服务。这种云有许多实例,可在当今整个开放的公有网络中提供服务。公有云是由若干企业和用户共享使用的云环境,如AWS,Azure,阿里云,百度云,华为云等。

在公有云中,用户所需的服务由一个独立的、第三方云提供商提供。该云提供商同时也为其他用户服务,这些用户共享这个云提供商所拥有的资源。

2)私有云

私有云是由某个企业独立构建和使用的云环境。通过Internet或专用内部网络仅面向特选用户(而非一般公众)提供的计算服务。这些成员共享着该云计算环境所提供的所有资源,公司或组织以外的用户无法访问这个云计算环境提供的服务,一般应用于大型企业。

私有云也称作内部云或公司云,私有云计算为企业提供了许多公有云的优势(包括自助服务、可伸缩性和弹性),其通过专用资源提供额外控制和定制能力,远胜于本地托管的计算基础结构。此外,私有云通过公司防火墙和内部托管提供更高级别的安全和隐私,确保第三方提供商无法访问操作和敏感数据。其存在一个缺点,即由公司IT部门承担私有云的成本以及管理责任。因此,私有云需具有与传统数据中心所有权相同的人员配备、管理和维护费用。

3)混合云

公有云与私有云的混合,是近年来云计算的主要模式和发展方向,我们已经知道私有云主要是面向企业用户,出于安全考虑,企业更愿意将数据存放在私有云中,但是同时又希望可以获得公有云的计算资源,在这种情况下混合云被越来越多的采用,它将公有云和私有云进行混合和匹配,以获得最佳的效果,这种个性化的解决方案,达到了既省钱又安全的目的。

10.1.5 云计算实现形式

云计算是建立在先进互联网技术基础之上的,其实现形式众多,主要通过以下形式完成:

(1)软件即服务

通常用户发出服务需求,云系统通过浏览器向用户提供资源和程序等。值得一提的是,利用浏览器应用传递服务信息不花费任何费用,供应商亦是如此,只要做好应用程序的维护工作即可。

(2)网络服务

开发者能够在 API 的基础上不断改进,开发出新的应用产品,大大提高单机程序中的操作性能。

(3)平台服务

一般服务于开发环境,协助中间商对程序进行升级与研发,同时完善用户下载功能,用户可通过互联网下载,具有快捷、高效的特点。

(4)互联网整合

利用互联网发出指令时,也许同类服务众多,云系统会根据终端用户需求匹配相适应的服务。

(5)商业服务平台

构建商业服务平台的目的是为了给用户和提供商提供一个沟通平台,从而需要管理服务和软件即服务搭配应用。

(6)管理服务提供商

此种应用模式并不陌生,常服务于 IT 行业,常见服务内容有:扫描邮件病毒,监控应用程序环境等。

10.1.6 云计算的应用

较为简单的云计算技术已经普遍服务于现如今的互联网服务中,最为常见的就是网络搜索引擎和网络邮箱。搜索引擎大家最为熟悉的莫过于谷歌和百度了,在任何时刻,只要用过移动终端就可以在搜索引擎上搜索任何自己想要的资源,通过云端共享了数据资源。而网络邮箱也是如此,在过去,寄写一封邮件是一件比较麻烦的事情,同时也是很慢的过程,而在云计算技术和网络技术的推动下,电子邮箱成为社会生活中的一部分,只要在网络环境下,就可以实现实时的邮件寄发。其实,云计算技术已经融入现今的社会生活。

(1)存储云

存储云,又称云存储,是在云计算技术上发展起来的一个新的存储技术。云存储是

一个以数据存储和管理为核心的云计算系统。用户可以将本地的资源上传至云端上,可以在任何地方连入互联网来获取云上的资源。大家所熟知的谷歌、微软等大型网络公司均有云存储的服务,在国内,百度云和微云则是市场占有量较大的存储云。存储云向用户提供了存储容器服务、备份服务、归档服务和记录管理服务等等,大大方便了使用者对资源的管理。

(2)医疗云

医疗云,是指在云计算、移动技术、多媒体、4G 通信、大数据、以及物联网等新技术基础上,结合医疗技术,使用"云计算"来创建医疗健康服务云平台,实现了医疗资源的共享和医疗范围的扩大。因为云计算技术的运用与结合,医疗云提高了医疗机构的效率,方便居民就医。像现在医院的预约挂号、电子病历、电子医保等等都是云计算与医疗领域结合的产物,医疗云还具有数据安全、信息共享、动态扩展、布局全国的优势。

(3)金融云

金融云,是指利用云计算的模型,将信息、金融和服务等功能分散到庞大分支机构构成的互联网"云"中,旨在为银行、保险和基金等金融机构提供互联网处理和运行服务,同时共享互联网资源,从而解决现有问题并且达到高效、低成本的目标。2013 年 11 月 27 日,阿里云整合阿里巴巴旗下资源并推出来阿里金融云服务。其实,这就是现在基本普及了的快捷支付,因为金融与云计算的结合,现在只需要在手机上简单操作,就可以完成银行存款、购买保险和基金买卖。现在,不仅仅阿里巴巴推出了金融云服务,像苏宁金融、腾讯等企业均推出了自己的金融云服务。

(4)教育云

教育云,实质上是指教育信息化的一种发展。具体的,教育云可以将所需要的任何教育硬件资源虚拟化,然后将其传入互联网中,以向教育机构和学生老师提供一个方便快捷的平台。现在流行的慕课就是教育云的一种应用。慕课 MOOC(massive open online courses),指的是大规模开放的在线课程。现阶段慕课的三大优秀平台为 Coursera、edX 以及 Udacity。在国内,慕课 MOOC(massive open online courses),指的是大规模开放在线课程。现阶段慕课的三大优秀平台为 Coursera、edX 以及 Udacity,这些平台都提供了针对高等教育的免费课程,为更多学生提供了系统学习和个性化学习的可能。在国内,目前也创建了一批教育资源丰富、学习笔记自由、开放程度较高的慕课平台,如 MOOC 中国(https://www.cmooc.com),慕课网(https://www.imooc.com),爱课程(https://www.icourses.cn),中国大学 MOOC(https://www.icourse163.org)。教育云提供了一种全新的知识传播模式和学习方式,必然带来教育技术和教学模式的革新。

10.2 物联网

物联网(Internet of Things,简称 IoT)是指通过各种信息传感器、射频识别技术、全球定位系统、红外感应器、激光扫描器等各种装置与技术,实时采集任何需要监控、连接、互动的物体或过程,采集其声、光、热、电、力学、化学、生物、位置等各种需要的信息,通过各类可能的网络接入,实现物与物、物与人的泛在连接,实现对物品和过程的智能化感知、识别和管理。物联网是一个基于互联网、传统电信网等的信息承载体,它让所有能够被独立寻址的普通物理对象形成互联互通的网络。

10.2.1 物联网的概念

物联网(IoT,Internet of things)即"万物相连的互联网",是在互联网基础上的延伸和扩展的网络,将各种信息传感设备与网络结合起来而形成的一个巨大网络,实现任何时间、任何地点,人、机、物的互联互通。如图 10-1 所示。

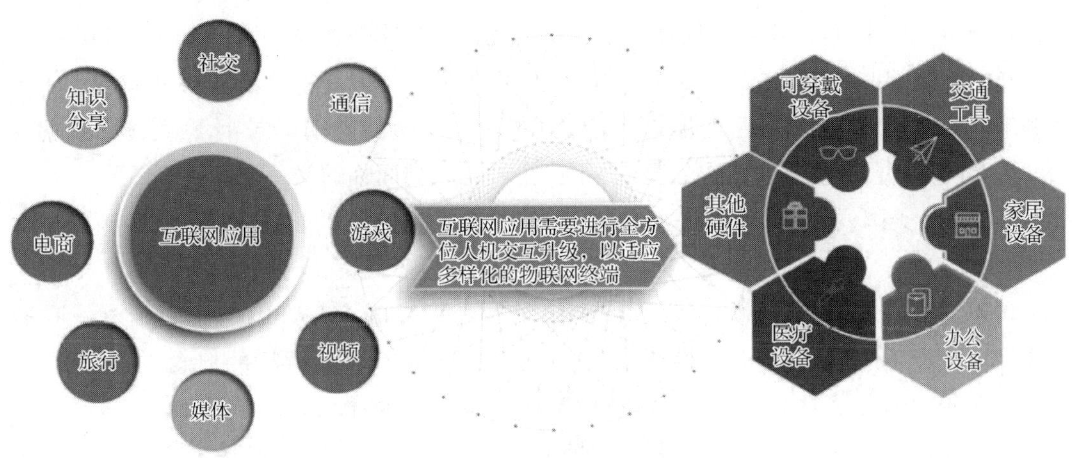

图 10-1 互联网应用升级

物联网是新一代信息技术的重要组成部分,在 IT 行业又叫泛互联,意指物物相连,万物互联。由此,"物联网就是物物相连的互联网"。这有两层意思:第一,物联网的核心和基础仍然是互联网,是在互联网基础上的延伸和扩展的网络;第二,其用户端延伸和扩展到了任何物品与物品之间,进行信息交换和通信。因此,物联网的定义是通过射频识别、红外感应器、全球定位系统、激光扫描器等信息传感设备,按约定的协议,把任何物品与互联网相连接,进行信息交换和通信,以实现对物品的智能化识别、定位、跟踪、监控和管理的一种网络。物联网的体系结构如图 10-2 所示。

10.2.2 物联网的起源

物联网概念最早出现于比尔·盖茨 1995 年出版的《未来之路》一书中,比尔·盖茨已经提及物联网概念,只是当时受限于无线网络、硬件及传感设备的发展,并未引起世人的重视。

1998 年,美国麻省理工学院创造性地提出了当时被称作 EPC 系统的"物联网"的构想。

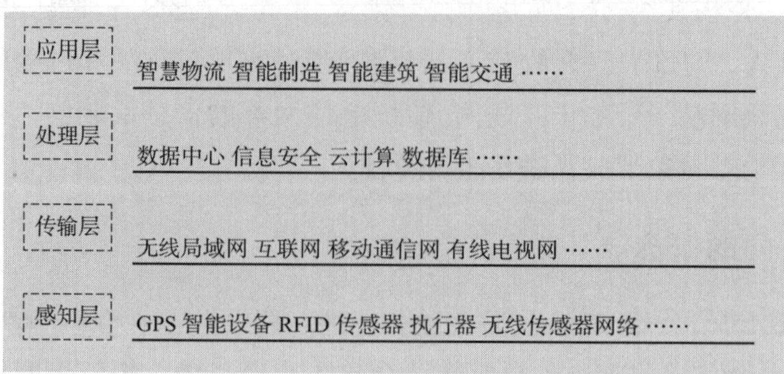

图 10-2　物联网体系结构图

1999 年,美国 Auto-ID 首先提出"物联网"的概念,主要是建立在物品编码、RFID 技术和互联网的基础上。过去在中国,物联网被称之为传感网。中科院早在 1999 年就启动了传感网的研究,并已取得了一些科研成果,建立了一些适用的传感网。同年,在美国召开的移动计算和网络国际会议提出了"传感网是下一个世纪人类面临的又一个发展机遇"。

2003 年,美国《技术评论》提出传感网络技术将是未来改变人们生活的十大技术之首。

2005 年 11 月 17 日,在突尼斯举行的信息社会世界峰会(WSIS)上,国际电信联盟(ITU)发布了《ITU 互联网报告 2005:物联网》,正式提出了"物联网"的概念。报告指出,无所不在的"物联网"通信时代即将来临,世界上所有的物体从轮胎到牙刷,从房屋到纸巾都可以通过因特网主动进行交换。射频识别技术(RFID)、传感器技术、纳米技术、智能嵌入技术将得到更加广泛的应用。

10.2.3　物联网的特征

1. 物联网的基本特征

从通信对象和过程来看,物与物、人与物之间的信息交互是物联网的核心。物联网的基本特征可概括为整体感知、可靠传输和智能处理。

整体感知:可以利用射频识别、二维码、智能传感器等感知设备感知获取物体的各类信息。

可靠传输:通过对互联网、无线网络的融合,将物体的信息实时、准确地传送,以便信息交流、分享。

智能处理:使用各种智能技术,对感知和传送到的数据、信息进行分析处理,实现监测与控制的智能化。

2. 物联网的基本功能

根据物联网的以上特征,结合信息科学的观点,围绕信息的流动过程,可以归纳出物联网处理信息的功能:

(1)获取信息的功能。

主要是信息的感知、识别,信息的感知是指对事物属性状态及其变化方式的知觉和敏感;信息的识别是指能把所感受到的事物状态用一定方式表示出来。

(2)传送信息的功能。

主要是信息发送、传输、接收等环节,最后把获取的事物状态信息及其变化的方式从时间(或空间)上的一点传送到另一点的任务,这就是常说的通信过程。

(3)处理信息的功能。

是指信息的加工过程,利用已有的信息或感知的信息产生新的信息,实际是制定决策的过程。

(4)施效信息的功能。

指信息最终发挥效用的过程,有很多的表现形式,比较重要的是通过调节对象事物的状态及其变换方式,始终使对象处于预先设计的状态。

10.2.4 物联网相关的关键技术

1. 射频识别技术

谈到物联网,就不得不提到物联网发展中备受关注的射频识别技术(Radio Frequency Identification,简称 RFID)。RFID 是一种简单的无线系统,由 ·个询问器(或阅读器)和很多应答器(或标签)组成。标签由耦合元件及芯片组成,每个标签具有扩展词条唯一的电子编码,附着在物体上标识目标对象,它通过天线将射频信息传递给阅读器,阅读器就是读取信息的设备。RFID 技术让物品能够"开口说话"。这就赋予了物联网一个特性,即可跟踪性。就是说人们可以随时掌握物品的准确位置及其周边环境。据 Sanford C. Bernstein 公司的零售业分析师估计,关于物联网 RFID 带来的这一特性,可使沃尔玛每年节省 83.5 亿美元,其中大部分是因为不需要人工查看进货的条码而节省的劳动力成本。RFID 帮助零售业解决了商品断货和损耗(因盗窃和供应链被搅乱而损失的产品)两大难题,仅盗窃一项,沃尔玛一年的损失就达近 20 亿美元。

2. 传感网

MEMS 是微机电系统(Micro-Electro-Mechanical Systems)的英文缩写。它是由微传感器、微执行器、信号处理和控制电路、通信接口和电源等部件组成的一体化微型器件系统。其目标是把信息的获取、处理和执行集成在一起,组成具有多功能的微型系统,集成于大尺寸系统中,从而大幅度地提高系统的自动化、智能化和可靠性水平。它是比较通用的传感器。因为 MEMS,赋予了普通物体新的生命,它们有了属于自己的数据传输通路,有了存储功能、操作系统和专门的应用程序,从而形成一个庞大的传感网。这让物联网能够通过物品来实现对人的监控与保护。遇到酒后驾车的情况,如果在汽车和汽车点火钥匙上都植入微型感应器,那么当喝了酒的司机掏出汽车钥匙时,钥匙能透过气味感应器察觉到一股酒气,就通过无线信号立即通知汽车"暂停发动",汽车便会处于休息状

态。同时"命令"司机的手机给他的亲朋好友发短信,告知司机所在位置,提醒亲友尽快来处理。不仅如此,未来衣服可以"告诉"洗衣机放多少水和洗衣粉最经济;文件夹会"检查"我们忘带了什么重要文件;食品蔬菜的标签会向顾客的手机介绍"自己"是否真正"绿色安全"。这就是物联网世界中被"物化"的结果。

3. M2M 系统框架

M2M 是 Machine-to-Machine/Man 的简称,是一种以机器终端智能交互为核心的、网络化的应用与服务。它将使对象实现智能化的控制。M2M 技术涉及五个重要的技术部分:机器、M2M 硬件、通信网络、中间件、应用。基于云计算平台和智能网络,可以依据传感器网络获取的数据进行决策,改变对象的行为进行控制和反馈。拿智能停车场来说,当该车辆驶入或离开天线通信区时,天线以微波通信的方式与电子识别卡进行双向数据交换,从电子车卡上读取车辆的相关信息,在司机卡上读取司机的相关信息,自动识别电子车卡和司机卡,并判断车卡是否有效和司机卡的合法性,核对车道控制计算机显示与该电子车卡和司机卡一一对应的车牌号码及驾驶员等资料信息;车道控制计算机自动将通过时间、车辆和驾驶员的有关信息存入数据库中,车道控制计算机根据读到的数据判断是正常卡、未授权卡、无卡还是非法卡,据此做出相应的回应和提示。另外,家中老人戴上嵌入智能传感器的手表,在外地的子女可以随时通过手机查询父母的血压、心跳是否稳定;智能化的住宅在主人上班时,传感器自动关闭水电气和门窗,定时向主人的手机发送消息,汇报安全情况。

4. 云计算

云计算旨在通过网络把多个成本相对较低的计算实体整合成一个具有强大计算能力的完美系统,并借助先进的商业模式让终端用户可以得到这些强大计算能力的服务。如果将计算能力比作发电能力,那么从古老的单机发电模式转向现代电厂集中供电的模式,就好比大家习惯的单机计算模式转向云计算模式,而"云"就好比发电厂,具有单机所不能比拟的强大计算能力。这意味着计算能力也可以作为一种商品进行流通,就像煤气、水、电一样,取用方便、费用低廉,以至于用户无须自己配备。与电力是通过电网传输不同,计算能力是通过各种有线、无线网络传输的。因此,云计算的一个核心理念就是通过不断提高"云"的处理能力,不断减少用户终端的处理负担,最终使其简化成一个单纯的输入输出设备,并能按需享受"云"强大的计算处理能力。物联网感知层获取大量数据信息,在经过网络层传输以后,放到一个标准平台上,再利用高性能的云计算对其进行处理,赋予这些数据智能化,才能最终转换成对终端用户有用的信息。

10.2.5 物联网与云计算

云计算与物联网二者相辅相成。其中云计算是物联网发展的基石,同时物联网作为云计算的最大用户,物联网又不断促进着云计算的迅速发展。物联网具有全面感知、可靠传递和智能处理三个特征,其中智能处理需要对海量的信息进行分析和处理,对物体实施智能化的控制,云计算的超大规模、虚拟化、多用户、高可靠性、高扩展性等特点正是物联网规模化、智能化发展所需要的技术。在云计算技术的支持下,物联网能够进一步提升数据处理分析能力,不断完善技术。假如没有云计算作为基础支撑,物联网工作效率便大大降低。那么其相比传统技术的优势也不复存在。由此可见,物联网对云计算的依赖性很强。

云计算是实现物联网的核心。运用云计算模式,使物联网中数以兆计的各类物品的实时动态管理、智能分析变得可能。物联网通过将射频识别技术、传感器技术、纳米技术等新技术充分运用在各行各业之中。

从物联网的结构看,云计算将成为物联网的重要环节。物联网与云计算的结合必将通过对各种能力资源共享、信息价值深度挖掘等多方面的促进,带动整个产业链和价值链的升级与跃进。各种物体充分连接,并通过无线等网络将采集到的各种实时动态信息送至计算处理中心,进行汇总、分析和处理。

10.2.6 物联网应用

物联网的应用领域涉及方方面面,在工业、农业、环境、交通、物流、安保等基础设施领域的应用,有效的推动了这些方面的智能化发展,使得有限的资源更加合理的使用分配,从而提高了行业效率、效益。在家居、医疗健康、教育、金融与服务业、旅游业等与生活息息相关的领域的应用,从服务范围、服务方式到服务的质量等方面都有了极大的改进,大大的提高了人们的生活质量。在涉及国防军事领域方面,虽然还处在研究探索阶段,但物联网应用带来的影响也不可小觑,大到卫星、导弹、飞机、潜艇等装备系统,小到单兵作战装备,物联网技术的嵌入有效提升了军事智能化、信息化、精准化,极大提升了军事战斗力,是未来军事变革的关键。

1. 智能交通

物联网技术在道路交通方面的应用比较成熟。随着社会车辆越来越普及,交通拥堵甚至瘫痪已成为城市的一大问题。对道路交通状况实时监控并将信息及时传递给驾驶人,让驾驶人及时作出出行调整,从而有效缓解交通压力。高速路口设置道路自动收费系统(简称 ETC),免去进出口取卡、还卡的时间,提升车辆的通行效率。公交车上安装定位系统,能及时了解公交车行驶路线及到站时间,乘客可以根据搭乘路线确定出行,免去不必要的时间浪费。社会车辆增多,除了会带来交通压力外,停车难也日益成为一个突出问题,不少城市推出了智慧路边停车管理系统,该系统基于云计算平台,结合物联网技术与移动支付技术,共享车位资源,提高车位利用率和用户的便利程度。该系统可以兼容手机模式和射频识别模式,通过手机端 App 软件可以实现及时了解车位信息、车位位置,提前做好预定并实现交费等等操作,很大程度上解决了“停车难、难停车”的问题。

2. 智能家居

智能家居就是物联网在家庭中的基础应用,随着宽带业务的普及,智能家居产品涉

及方方面面。家中无人时,可利用手机等产品客户端远程操作智能空调,调节室温,甚至还可以学习用户的使用习惯,从而实现全自动的温控操作,使用户在炎炎夏季一到家就能享受到冰爽带来的惬意。通过客户端实现智能灯泡的开关,调控灯泡的亮度和颜色等等。插座内置 WiFi,可实现遥控插座定时通断电流,甚者可以监测设备用电情况,生成用电图表让用户对用电情况一目了然,安排资源使用及开支预算。通过智能体重秤,监测运动效果。内置可以监测血压、脂肪量的先进传感器,内定程序根据身体状态提出健康建议。智能牙刷与客户端相连,设置刷牙时间、刷牙位置提醒,可根据刷牙的数据生产图表,监测口腔的健康状况。智能摄像头、窗户传感器、智能门铃、烟雾探测器、智能报警器等都是家庭不可缺少的安全监控设备,即使出门在外,也可以在任意时间、任何地方查看家中任一角落的实时状况,排查安全隐患。看似烦琐的种种家居生活因为物联网变得更加轻松、美好。

3. 公共安全

近年来全球气候异常情况频发,灾害的突发性和危害性进一步加大,互联网可以实时监测环境的不安全性情况,提前预防、实时预警、及时采取应对措施,降低灾害对人类生命财产的威胁。美国布法罗大学早在 2013 年就提出研究深海互联网项目,通过特殊处理的感应装置置于深海处,分析水下相关情况,海洋污染的防治、海底资源的探测、甚至对海啸也可以提供更加可靠的预警。该项目在当地湖水中进行试验,获得了成功,为进一步扩大使用范围提供了基础。利用物联网技术可以智能感知大气、土壤、森林、水资源等方面各项指标数据,对于改善人类生活环境发挥巨大作用。

4. 设备监控

像监控或者调节建筑物恒温器这样的事情可以远程完成,甚至可以做到节约能源和简化设施维修程序。这种物联网应用的美妙之处在于,它很容易实施,容易梳理性能基准,并得到所需的改进。

5. 机器和基础设施维护

传感器可以放置在设备和基础设施材料上,例如铁路轨道,来监控这些部件的状况,并且在部件出现问题的时候发出警报。一些城市交通管理部门已经采用了这种物联网技术,能够在故障发生之前进行主动维护。

6. 物流和追踪

运输业现在把传感器安装在移动的卡车和正在运输的各个独立部件上,从一开始中央系统就追踪这些货物直到结束。这么做可以防止货物在边远地区被盗窃,让企业供应链可以保持追踪,因为管理层可以在任何时间点清楚地看到车辆的位置(以及车辆应该在的位置)。

7. 机器管理库存

向消费者提供了各种商品的自助服务售卖机和便携式商店,现在可以在特定商品低于再订购水平的时候发送自动补充库存警报。这种做法可以为零售商节约成本,因为他们只需要在机器告诉他们需要补充库存的时候让现场工作人员再进行补货。

10.3 大数据

信息社会,每个人口袋里都有一部手机,每个办公桌上都放着一台计算机,每台计算机都连接到局域网甚至互联网。我们生活在处处都是“数据”的时代,数据包括数字、文字、图像、视频、声音等。随着计算机技术全面融入社会生活,数据的增长超过了人们创造计算机的速度,甚至超过了我们的想象,爆发式增长的数据开始引发社会变革,世界迎来了大数据时代。

10.3.1 大数据的概念

何谓大数据,至今尚无确切、统一的定义。

所谓的大数据(big data),狭义上可以定义为:用现有主流软件工具难以管理的大量数据的集合。

维基百科的定义是:大数据指的是需要处理的资料量规模巨大,无法在合理时间内透过当前主流的软件工具撷取、管理、处理、并整理的资料,它成为帮助企业经营决策的资讯。

研究机构 Gartner 给出了这样的定义:“大数据”是需要新处理模式才能具有更强的决策力、洞察发现力和流程优化能力来适应海量、高增长率和多样化的信息资产。

麦肯锡全球研究所给出的定义是:一种规模大到在获取、存储、管理、分析方面大大超出了传统数据库软件工具能力范围的数据集合,具有海量的数据规模、快速的数据流转、多样的数据类型和价值密度低四大特征。

大数据技术的战略意义不在于掌握庞大的数据信息,而在于对这些含有意义的数据进行专业化处理。随着“大数据”的出现,数据仓库、数据安全、数据分析、数据挖掘等围绕大数据商业价值的利用正逐渐成为各行业争相追捧的利润焦点,在全球引领了又一轮数据技术革新的浪潮。

大数据包括结构化、半结构化和非结构化数据,非结构化数据越来越成为数据的主要部分。据 IDC 的调查报告显示:企业中 80% 的数据都是非结构化数据,这些数据每年都按指数增长 60% 。大数据就是互联网发展到现今阶段的一种表象或特征而已,在以云计算为代表的技术创新大幕的衬托下,这些原本看起来很难收集和使用的数据开始容易被利用起来了,通过各行各业的不断创新,大数据会逐步为人类创造更多的价值。

结构化数据,简单来说就是数据库。结合到典型场景中更容易理解,比如企业 ERP、财务系统、医疗 HIS 数据库、教育一卡通、政府行政审批、其他核心数据库等。

非结构化数据是数据结构不规则或不完整,没有预定义的数据模型,不方便用数据库二维逻辑表来表现的数据。包括所有格式的办公文档,文本,图片,XML,HTML,各类

报表,图像和音/视频信息等等。这类信息我们通常无法直接知道他的内容,通常使用人工智能的识别算法对其进行处理。

半结构化数据,和普通纯文本相比,半结构化数据具有一定的结构性,OEM(Object exchange Model)是一种典型的半结构化数据模型。比如,存储员工的简历。不像员工基本信息那样一致,每个员工的简历大不相同,有的员工的简历很简单,比如只包括教育情况,有的员工的简历却很复杂,比如包括工作情况、婚姻情况、出入境情况、户口迁移情况、党籍情况、技术技能等等,还有可能有一些我们没有预料的信息。通常我们要完整的保存这些信息并不是很容易的,因为我们不会希望系统中的表的结构在系统运行期间进行变更。

10.3.2 大数据的特征

大数据有四个基本特性:Volume(数据规模大)、Velocity(处理速度快)、Variety(数据种类多)、Value(数据价值密度低),即所谓的4V特性,如图10-3所示。

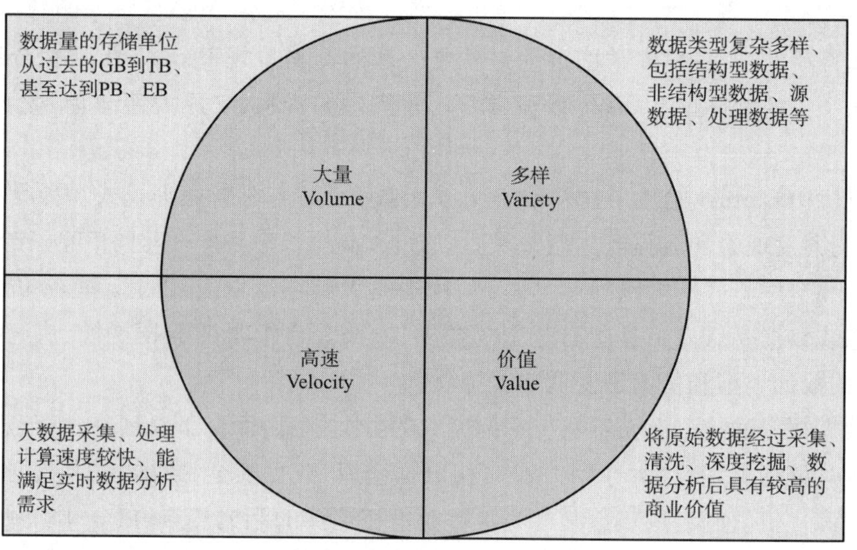

图10-3 大数据的4V特性

1. Volume(数据规模大)

大数据的特征首先就是数据规模大。随着互联网、物联网、移动互联技术的发展,人和事物的所有轨迹都可以被记录下来,数据呈现出爆发性增长。数据的最小基本单位是bit,按顺序给出所有单位:bit,Byte,KB,MB,GB,TB,PB,EB,ZB,YB,BB,NB,DB。它们按照进率1 024(2的十次方)来换算,相关计量单位的换算关系如下:

1 B = 8 bit

1 KB = 1 024 B

1 MB = 1 024 KB

1 GB = 1 024 MB

1 TB = 1 024 GB

1 PB = 1 024 TB

1 EB = 1 024 PB

1 ZB = 1 024 EB

1 YB = 1 024 ZB

1 BB = 1 024 YB

1 NB = 1 024 BB

1 DB = 1 024 NB

数字信息已经渗透到我们生活和社会的方方面面，以至于近些年信息生产量的增长似乎势不可挡。在 2006 年，个人用户才刚刚迈进 TB 时代，全球一共新产生了约 180 EB 的数据；在 2011 年，这个数字达到了 1.8 ZB。全世界在 2018 年创建，捕获、复制和消耗的数据总量为 33 ZB，相当于 33 万亿 GB；2020 年这一数字增长到 59 ZB，预计到 2025 年将达到令人难以想象的 175 ZB。

2. Variety（数据种类多）

数据来源的广泛性，决定了数据形式的多样性。大数据可以分为三类，一是结构化数据，如财务系统数据、信息管理系统数据、医疗系统数据等，其特点是数据间因果关系强；二是非结构化的数据，如视频、图片、音频等，其特点是数据间没有因果关系；三是半结构化数据，如 HTML 文档、邮件、网页等，其特点是数据间的因果关系弱。有统计显示，目前结构化数据占据整个互联网数据量的 75% 以上，而产生价值的大数据，往往是这些非结构化数据。

3. Velocity（处理速度快）

数据产生和更新的频率也是衡量大数据的一个重要特征。与以往的报纸、书信等传统数据载体生产传播方式不同，在大数据时代，大数据的交换和传播主要是通过互联网和云计算等方式实现的，其生产和传播数据的速度是非常迅速的。另外，大数据还要求处理数据的响应速度要快，例如，上亿条数据的分析必须在几秒内完成，数据的输入、处理与丢弃必须立刻见效，几乎无延迟。

4. Value（数据价值密度低）

大数据的核心特征是价值，用户都希望合理运用大数据，以低成本创造高价值，但大数据中往往掺杂着很多数据噪声、脏数据等，数据价值密度低。以视频监控为例，在长达数小时的视频内容中，有价值的数据可能只存在三四秒的时间，而大数据的运用就是将这些有价值的信息挖掘出来，进行“提纯”。

其实价值密度的高低和数据总量的大小是成反比的，即数据价值密度越高数据总量越小，数据价值密度越低数据总量越大。任何有价值的信息的提取依托的就是海量的基础数据。

10.3.3 大数据的意义

现在的社会是一个高速发展的社会,科技发达,信息流通,人们之间的交流越来越密切,生活也越来越方便,大数据就是这个高科技时代的产物。未来的时代将不是IT时代,而是DT的时代,DT就是Data Technology数据科技,显示大数据对于阿里巴巴这样的商业集团来说举足轻重。

大数据并不在"大",而在于"有用"。价值含量、挖掘成本比数量更为重要。对于很多行业而言,如何利用这些大规模数据是赢得竞争的关键。

大数据的价值体现在以下几个方面:

①对大量消费者提供产品或服务的企业可以利用大数据进行精准营销。

②做小而美模式的中小微企业可以利用大数据做服务转型。

③面临互联网压力之下必须转型的传统企业需要与时俱进充分利用大数据的价值。

不过,"大数据"在经济发展中的巨大意义并不代表其能取代一切对于社会问题的理性思考,科学发展的逻辑不能被湮没在海量数据中。著名经济学家路德维希·冯·米塞斯曾提醒过:"就今日言,有很多人忙碌于资料之无益累积,以致对问题之说明与解决,丧失了其对特殊的经济意义的了解。"这确实是需要警惕的。

在这个快速发展的智能硬件时代,困扰应用开发者的一个重要问题就是如何在功率、覆盖范围、传输速率和成本之间找到那个微妙的平衡点。企业组织利用相关数据和分析可以帮助它们降低成本,提高效率,开发新产品,做出更明智的业务决策等等。例如,通过结合大数据和高性能的分析,下面这些对企业有益的情况都可能会发生:

①及时解析故障、问题和缺陷的根源,每年可能为企业节省数十亿美元。

②为成千上万的快递车辆规划实时交通路线,躲避拥堵。

③分析所有SKU,以利润最大化为目标来定价和清理库存。

④根据客户的购买习惯,为其推送他可能感兴趣的优惠信息。

⑤从大量客户中快速识别出金牌客户。

⑥使用点击流分析和数据挖掘来规避欺诈行为。

10.3.4 大数据与云计算

使用云计算设施对海量的大数据进行处理、分析、挖掘,可以更加迅速、准确、智能地对物理世界进行管理和控制,使人类可以更加及时、精细地管理物质世界,从而达到"智慧"的状态,大幅提高资源利用率和社会生产力水平。

云计算为大数据存储、快速处理和分析挖掘提供基础能力。

大数据处理能力可以作为云计算服务提供,丰富云计算平台的能力。

大数据分析可以产生预测能力、商业洞察,可以指导云平台建设。

10.3.5 大数据带来的巨大变革

1. 生活变革

很多人都有这样的经历:打开抖音或淘宝等应用软件关注过某些信息,下一次再打开这些软件甚至是其他应用的时候,之前搜索过的信息或是相关信息,尤其是相关商品的广告就会自动出现。这种基于历史浏览记录的精准营销推送,已然成为电商的标配,这其实正是大数据带来的变革之一。当你在网页上输入信息浏览商品时,数据都会被记录下来,大数据会推断你目前的状况,并决定要向你投放哪些广告。

大数据正在悄然进入我们的个人生活,并发挥着举足轻重的作用,如大数据可以预测机票价格,适时推荐最合适的机票给我们,节省我们的交通费用;大数据可以缓解交通拥堵,节省我们的宝贵时间;大数据可以为我们的健康提供建议,从而帮助我们拥有更健康的身体和生活;大数据使教育打破了时空的藩篱,使全世界的教育资源可以集中在网络上,使优质教育资源得以共享;随着信用评估系统的完善和大数据的发展,用户出门可以不带身份证、钱包,直接签单或刷脸就可以进行购物、旅游,这种基于大数据的信用生活,让人们的生活更加智能和便捷。

当我们上网搜索、浏览、评论时,各种历史记录、浏览记录、搜索关键词、cookie、用户登录后的操作记录都可能被搜集到数据库中,搜集的信息越多,通过数据分析得出的结果就越准确。基于这些数据库,用户会收到各种内容推送,比如为个人量身定制的网络歌单、视频列表、电影推荐等。

数据库中存储的个人信息,可能是你的社交媒体信息,你发布的照片、你的喜欢情况、你的银行卡、信用卡信息,也可能是你的职场信息,你在哪个公司上班,担任什么职务,收入信息等等,这些数据看似杂乱无章,然而通过数据分析,就能得出一些有价值的结论来,如大数据可以推测出你近期要装修房屋,并在此时间段向你投放大量的装修公司广告或家具广告。

在大数据时代,每个人都变成了透明人,只要有足够的数据,就可以知道某个人什么时候在什么地方做了什么事情。

不可否认,大数据给我们的生活带来了很多的便利,但人们在享受这些便利时,也不能忽视大数据对我们的隐私带来的隐患。

2. 商业变革

传统的物理世界,因为时空限制,信息是严重不对称的,我们以往所有的商业模式都是基于信息不对称的物理世界而建立的,很多商业模式都是因为赚取信息不对称的钱而存活,如电视台、报纸、网络等广告模式,再比如工厂以企业为中心生产各种商品出售。当地球上的人、事、物都因为产生大量数据而构建起“关系”,让人类顷刻间获得了无限的信息对称,一切基于信息不对称的物理世界而建立的商业模式势必获得变革,这也是不得不面临的变革。大数据的出现使得商业的规则被重置,以往的商业模式不断地被淘

汰。在融合了大数据的商业中，一切的商业行为和商业信息都开始数据化了。

目前的大数据逐渐构建了一个全场景的数据环境，不仅包括简单的消费数据，同时包含了服务数据、用户反馈数据、产业链数据等等，这些数据本身蕴涵着巨大的价值，数据也正在成为企业的生产材料之一。

《大数据时代》介绍了这样一个故事：

2003 年，奥伦·埃齐奥尼（Oren Etzioni）准备乘坐从西雅图到洛杉矶的飞机去参加弟弟的婚礼。他提前几个月在网上预订了一张去洛杉矶的机票。在飞机上，埃齐奥尼好奇地问邻座的乘客花了多少钱购买机票。当得知虽然那个人的机票比他买得更晚，但是票价却比他便宜得多时，他感到非常气愤。于是，他又询问了另外几个乘客，结果发现大家买的票居然都比他的便宜。

埃齐奥尼是美国比较有名的计算机专家之一，从他担任华盛顿大学人工智能项目的负责人开始，就创立了许多在今天看来非常典型的大数据公司，尽管当时还没有人提出"大数据"这个概念。飞机着陆之后，埃齐奥尼下定决心要帮助人们开发一个系统，用来推测当前网页上的机票价格是否合理。

作为一种商品，同一架飞机上每个座位的价格本来不应该有差别，但实际上，价格却千差万别，其中缘由只有航空公司自己清楚。埃齐奥尼表示，他不需要去解开机票价格差异的奥秘，他要做的仅仅是预测当前的机票价格在未来一段时间内会上涨还是下降。这个系统需要分析所有特定航线机票的销售价格并确定票价与提前购买天数的关系，如果一张机票的平均价格呈下降趋势，系统就会帮助用户做出稍后再购票的明智选择。反过来，如果一张机票的平均价格呈上涨趋势，系统就会提醒用户立刻购买该机票。

埃齐奥尼创立的这个信息预测系统建立在41 天内价格波动产生的 12 000 个价格样本基础之上，而这些信息都是从一个旅游网站上搜集来的。这个预测系统并不能说明原因，只能推测会发生什么。也就是说，这个系统只是利用其他航班的数据来预测未来机票价格的走势。埃齐奥尼给这个研究项目取了一个非常贴切的名字，叫"哈姆雷特"。这个小项目逐渐发展成为一家得到了风险投资基金支持的科技创业公司，名为 Farecast。通过预测机票价格的走势以及增降幅度，Farecast 票价预测工具能帮助消费者抓住最佳购买时机，而在此之前还没有其他网站能让消费者获得这些信息。系统的运转需要海量数据的支持。为了提高预测的准确性，埃齐奥尼找到了一个行业机票预订数据库。有了这个数据库，系统进行预测时，预测的结果就可以基于美国商业航空产业中，每一条航线上每一架飞机内的每一个座位一年内的综合票价记录而得出。如今，Farecast 已经拥有惊人的约 2 000 亿条飞行数据记录。利用这种方法，Farecast 为消费者节省了一大笔钱。到 2012 年为止，Farecast 系统用了将近十万亿条价格记录来帮助预测美国国内航班的票价。Farecast 票价预测的准确度已经高达 75%，使用 Farecast 票价预测工具购买机票的旅客，平均每张机票可节省 50 美元。

Farecast 是大数据公司的一个缩影，也代表了当今世界发展的趋势。

3. 思维变革

大数据与三个重大的思维变革有关,而这三个转变是相互作用的。

(1)不是随机样本,而是全体数据。

就是分析事物相关的所有数据,而不是仅仅依靠分析少量的数据样本。在过去,人们很难将数据全部搜集过来,而在大数据时代,搜集全部数据已经变成可能。

(2)不是精确性,而是混杂性。

就是要接受数据的纷繁复杂,而不再追求准确性,允许出现部分错误的数据。

样本的数量较少,出现错误对结果的影响较大。大数据时代,数据整体量非常大,一一核实的代价太高,而且数据具有时效性,一旦错过时机,即使得出分析结论也没有太多意义。

(3)不是因果关系,而是相关关系。

即不再追求难以摸索的因果关系,转而关注事物的相关关系。在样本时代,人们常探究数据背后的真相,试图从蛛丝马迹中找寻因果关系。而大数据时代,由于数据整体量非常大,要一一探究数据背后的真相是不可能的。而各项数据并非毫无关联,人们可以通过关联性找出大数据背后隐藏的奥秘。而关联性正是数据分析的重要依据。

10.3.6 大数据应用案例

1. 利用大数据预测犯罪的发生

当电影《少数派报告》于 2002 年上映时,对犯罪的预测和预防仍然是科幻小说。到了 2014 年,情况发生了变化,洛杉矶和圣克鲁斯警察局目前正在使用可能发生犯罪的预测,并获得了成功。因为在使用预测软件的地区,发生了 33 起盗窃,21 起暴力犯罪和 12 起财产犯罪。

这一切都始于预测地震。LAPD(洛杉矶警察局)使用了数学模型,该模型用于预测地震期间的余震,并开始向其提供相关数据。尽管预测地震仍然非常困难,但是预测余震相对要容易得多。每当地震发生时,余震在时空附近的可能性就很高。由乔治·莫尔(George Moher)助理教授开发的这种数学模型能够定义可用于预测新余震的模式。

犯罪数据似乎显示出相似的模式,因此它们能够在过去 80 年中为该模型提供 1 300 万次犯罪。大量的数据可以帮助他们了解犯罪的性质。以此看来,每当犯罪发生在某个地方时,就有可能发生更多的犯罪,并且这些犯罪活动的方式与余震的方式相似。当他们将旧的犯罪数据插入等式中时,会生成与过去发生的情况相匹配的预测。

LAPD 已经使用庞大的数据集来展示洛杉矶的哪些地区是犯罪热点。借助大数据，他们正在尝试预测犯罪。LAPD 从应用 Moher 数学模型来预测可能发生犯罪的地区的试点项目开始，他们与加利福尼亚大学和 predpol 公司一起，设法改进了软件和算法，确定了犯罪热点，预测哪一天很可能发生犯罪，并且警官在日常工作中使用该热点。

该算法预测某犯罪区域可能在 12 小时轮班中发生犯罪。在轮班期间，指示警务人员尽可能多地在这些地区巡逻，并寻找犯罪活动或犯罪活动即将发生的证据。在洛杉矶市中心的犯罪中心对概念验证进行了实时监控。证据表明犯罪确实变得越来越少。如今，随着犯罪发生，该模型将不断使用新的犯罪数据进行更新，以使预测更加准确。

2. 利用搜索关键词预测禽流感的散布

Google 流感趋势（Google Flu Trends，GFT）是 Google 于 2008 年推出的一款预测流感的产品。Google 认为，某些搜索字词有助于了解流感疫情。Google 流感趋势会根据汇总的 Google 搜索数据，近乎实时地对全球当前的流感疫情进行估测。

谷歌发现某些搜索关键词可以很好地标示流感疫情的现状。GFT 的工作原理就是使用经过汇总的谷歌搜索数据来估测流感疫情，其预测结果将与美国疾病预防控制中心（Centers for Disease Control and Prevention，CDC）的监测报告相比对。

3. 利用大数据预测电影票房

随着中国电影市场发展成熟，电影成为我们日常文化生活重要的一部分，丰富了我们的业余生活。影视作品的数量每年都以惊人的速度增长，影视业的竞争也因此日益增大，制片公司要想生存下去，票房是关键。通常，业界以电影的票房收入作为评价一部电影是否成功或优秀的指标。一部电影的票房收入不仅仅是大家津津乐道的谈论话题，更是电影投资方确保投资回报的保障。因此，电影票房的预测一直具有重要的意义。

电影票房会受到多种因素的共同影响，国内外很多学者和研究机构都对票房的影响因素做过分析工作，美国的巴里 · 李特曼以 80 年代在美国上映的电影为样本，对票房的影响因素进行研究，将影响因素分为创意、发行和营销能力三类。通过对这些因素进行分析，李特曼发现一部影片的明星演员、顶级导演、大发行公司、科幻片等因素会对影片的票房产生较大的影响。

2014 年，著名的娱乐网站 Vulture 做了一份大数据统计，分析汤姆 · 克鲁斯在世界各地的票房号召力（图 10-4）。

从汤姆 · 克鲁斯主演的影片在世界各地的票房数据分析可见，美国人依然是其最大的拥戴者。从榜单也不难看出，阿汤哥在亚洲也是极具票房号召力的。

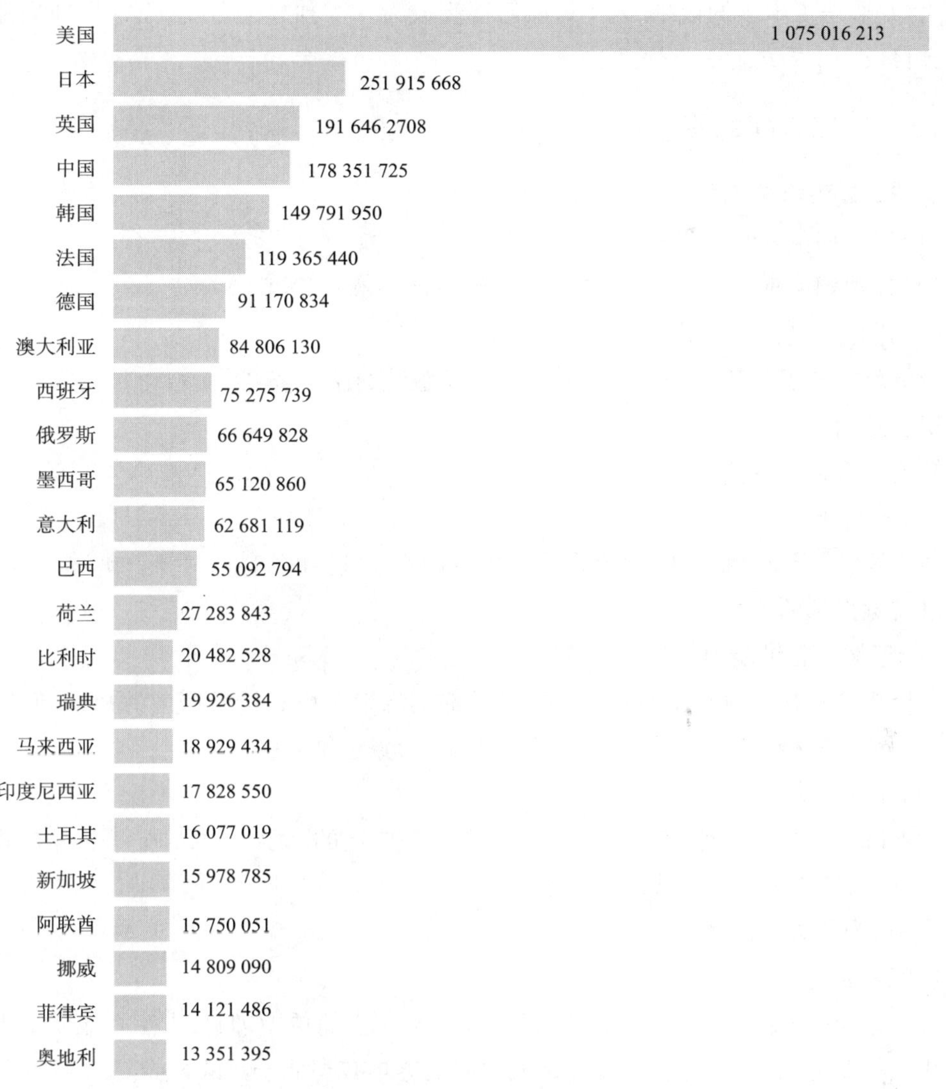

图 10-4 汤姆·克鲁斯电影票房大数据统计数据

10.4 人工智能

人工智能现在很热门,但它其实早就是一门非常重要的技术了。1956 年就正式提出了人工智能(artificial intelligence,AI)这个术语并把它作为一门新兴学科的名称。

人工智能是计算机学科的一个分支,20 世纪 70 年代以来被称为世界三大尖端技术之一(空间技术、原子能技术、人工智能),其中空间技术、原子能技术本身就包含了大量的人工智能技术。人工智能也被认为是 21 世纪三大尖端技术(基因工程、纳米科学、人工智能)之一。这是因为近三十年来它获得了迅速的发展,在很多学科领域都获得了广

泛应用,并取得了丰硕的成果,人工智能已逐步成为一个独立的分支,无论在理论和实践上都已自成一个系统。

10.4.1 人工智能的概念

对智能还没有确切的定义,主要流派有:

(1)思维理论:即智能的核心是思维。

(2)知识阈值理论:智能取决于知识的数量即一般化程度。

(3)进化理论:用控制取代知识的表示。

智能就是知识与智力的总和。知识是一切智能行为的基础,而智力是获取知识并应用知识求解问题的能力。

智能具有以下特征:

(1)感知能力

通过视觉、听觉、触觉、嗅觉等感觉器官感知外部世界的能力。我们 80% 以上的信息是通过视觉得到的。

(2)记忆与思维能力

记忆指的是存储由感知器官感知到的外部信息以及由思维所产生的知识,而思维是对记忆的信息进行处理。思维又分为逻辑思维、形象思维和顿悟思维。

(3)学习能力

学习既可能是自觉地、有意识的,也可能是不自觉的、无意识的;既可以是有教师指导的,也可以是通过自己实践的。

(4)行为能力

也就是表达能力。

人工智能(Artificial Intelligence),英文缩写为 AI。简单地理解,人工智能就是用人工的方法在机器上实现的智能,或者说是人们使机器具有类似于人的智能。

人工智能学科是研究、开发用于模拟、延伸和扩展人的智能的理论、方法、技术及应用系统的一门新的技术科学。

尼尔逊教授对人工智能下了这样一个定义:“人工智能是关于知识的学科——怎样表示知识以及怎样获得知识并使用知识的科学。”而另一个美国麻省理工学院的温斯顿教授认为:“人工智能就是研究如何使计算机去做过去只有人才能做的智能工作。”这些说法反映了人工智能学科的基本思想和基本内容。即人工智能是研究人类智能活动的规律,构造具有一定智能的人工系统,研究如何让计算机去完成以往需要人的智力才能胜任的工作,也就是研究如何应用计算机的软硬件来模拟人类某些智能行为的基本理论、方法和技术。

人工智能是研究使用计算机来模拟人的某些思维过程和智能行为(如学习、推理、思考、规划等)的学科,主要包括计算机实现智能的原理、制造类似于人脑智能的计算机,使计算机能实现更高层次的应用。人工智能将涉及计算机科学、心理学、哲学和语言学等学科。可以说几乎是自然科学和社会科学的所有学科,其范围已远远超出了计算机科学的范畴。

图 10-5　图灵

1950 年图灵(图 10-5)发表的《计算机与智能》中设计了一个测试,用以说明人工智能的概念。测试者与被测试者(一个人和一台机器)隔开的情况下,通过一些装置(如键盘)向被测试者随意提问。进行多次测试后,如果机器让平均每个参与者做出超过 30% 的误判,那么这台机器就通过了测试,并被认为具有人类智能。

10.4.2　人工智能的起源与发展

人工智能一直是人类追求的目标。

1956 年夏季,以麦卡锡、明斯基、罗切斯特和香农等为首的一批有远见卓识的年轻科学家在一起聚会,共同研究和探讨用机器模拟智能的一系列相关问题,麦卡锡首次提出了“人工智能”这一术语,它标志着“人工智能”这门新兴学科的正式诞生。麦卡锡也因此被称为人工智能之父。

从 1956 年正式提出人工智能学科算起,50 多年来,取得了长足的发展,成为一门广泛的交叉和前沿科学。人工智能的研究在机器学习、定理证明、模式识别、问题求解、专家系统及人工智能语言等方面都取得了许多引人瞩目的成就。

1969 年,成立了国际人工智能联合会议(International Joint Conferences on Artificial Intelligence,IJCAI)。1970 年创办了国际性的人工智能杂志。1981 年,日本宣布第五代计算机发展计划,并在 1991 年展出了研制的 PSI-3 智能工作站和由 PSI-3 构成的模型机系统。1978 年,我国把“智能模拟”作为国家科学技术发展规划的主要研究课题,1981 年成立了中国人工智能学会。人工智能在计算机、航空、军事装备、工业等众多领域内,得到了愈加广泛的重视,并在机器人、经济政治决策、控制系统、仿真系统中得到应用。

如果希望做出一台能够思考的机器,那就必须知道什么是思考,更进一步讲就是什么是智慧。什么样的机器才是智慧的呢? 科学家已经创造出了汽车、火车、飞机、收音机等等,它们模仿我们身体器官的功能,但是能不能模仿人类大脑的功能呢? 到目前为止,我们也仅仅知道这个装在我们天灵盖里面的东西是由数十亿个神经细胞组成的器官,我们对这个东西知之甚少,模仿它或许是天下最困难的事情了。

当计算机出现后,人类开始真正有了一个可以模拟人类思维的工具,在以后的岁月中,无数科学家为这个目标努力着。如今人工智能已经不再是几个科学家的专利了,全世界几乎所有大学的计算机系都有人在研究这门学科,学习计算机的大学生也需要学习这样一门课程。

1997 年 5 月 11 日,IBM 公司超级计算机“深蓝”击败了人类的世界国际象棋冠军加

里·卡斯帕罗夫正是人工智能技术发展的一个完美表现。由谷歌(Google)旗下DeepMind公司研发的AlphaGo是第一个击败人类职业围棋选手、第一个战胜围棋世界冠军的人工智能机器人。

10.4.3 人工智能研究的基本内容

人工智能的目的就是让计算机这台机器能够像人一样思考。例如,让机器像人一样能够看懂图像,让机器像人一样听懂语音,让机器像人一样学习知识。这就是人工智能的图像识别、生物识别、视觉处理、语音识别、自然语言处理、机器学习、自动推理等技术。

1. 知识表示

知识表示就是将人类知识形式化或模型化。如语言、模型、图片、视频等。

知识表示的方法,如符号表示法,连接机制表示法。符号表示法指的是用各种包含具体含义的符号,以各种不同的方式和顺序组合起来表示知识的一类方法。例如,一阶谓词逻辑、产生式等。连接机制表示法是指把各种物理对象以不同的方式及顺序连接起来,并在其间互相传递及加工各种包含具体含义的信息,以此来表示相关的概念及知识,例如神经网络等。

2. 机器感知

机器感知是指使机器(计算机)具有类似于人的感知能力。目前应用最广泛的是机器视觉(machine vision)与机器听觉。

3. 机器思维

对通过感知得来的外部信息及机器内部的各种工作信息进行有目的的处理。

4. 机器学习

研究如何使计算机具有类似于人的学习能力,使它能通过学习自动地获取知识。

5. 机器行为

机器行为指计算机的表达能力,即"说""写""画"等能力。

10.4.4 人工智能的应用

近几年智能制造如火如荼,智能机器人开始走进各行各业、千家万户。无人驾驶、智能汽车吸引着大众的眼球。虚拟现实技术的应用领域越来越广泛,智慧城市中的智能交通、智慧安防、智慧应急、智慧医疗给人们带来了无限的便捷。人工智能已经在各个领域得到了广泛的应用。

根据企业所属的技术领域进行分类,如图10-6所示,人工智能大概可分为:计算机视觉、数据挖掘、智能语音技术、机器学习、机器人、自然语言处理、知识图谱、生物识别、IC设计、SLAM、数据标注、计算模组、专家系统等技术方向。

以下是几项典型的人工智能应用:

1. 人机对弈

这里人机对弈特指围棋人机大战。围棋人机大战,是指人类顶尖围棋手与计算机顶级

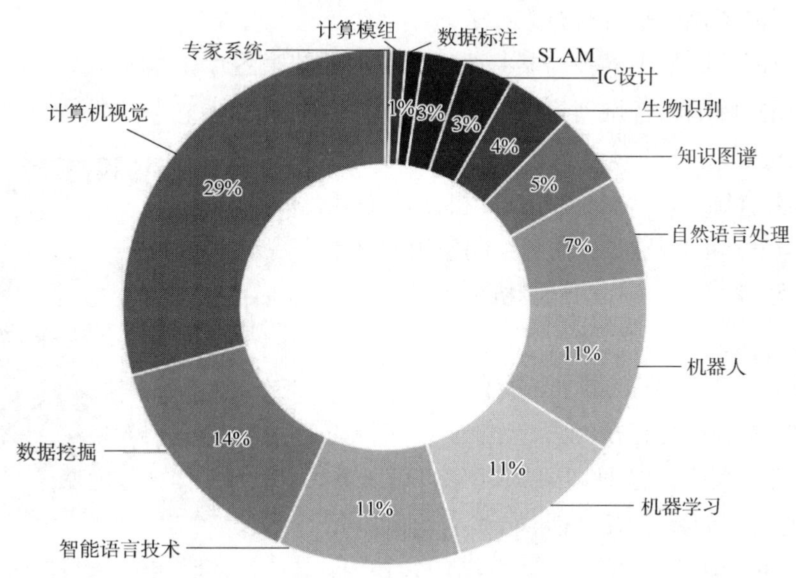

图 10-6　人工智能技术领域的分类

围棋程序之间的围棋比赛，特指韩国围棋九段棋手李世石和中国围棋九段棋手柯洁分别与人工智能围棋程序“阿尔法围棋”（AlphaGo）之间的两次比赛。第一场为 2016 年 3 月 9 日至 15 日在韩国首尔进行的五番棋比赛，阿尔法围棋以总比分 4 比 1 战胜李世石；第二场为 2017 年 5 月 23 日至 27 日在中国嘉兴乌镇进行的三番棋比赛，阿尔法围棋以总比分 3 比 0 战胜世界排名第一的柯洁。

2. 模式识别

简单地说，模式识别是根据输入的原始数据对其进行各种分析判断，从而得到其类别属性、特征判断的过程。为了具备这种能力，人类在过去的几千万年里，通过对大量事物的认知和理解，逐步进化出了高度复杂的神经和认知系统。举例来说，我们能够轻易判别出哪个是钥匙，哪个是锁，哪个是自行车，哪个是摩托车，而这些看似简单的过程，其背后实际上隐藏着非常复杂的处理机制，而弄清楚这些机制的作用机理正是模式识别的基本任务。

广义地说，模式是存在于时间和空间中的可观察的事物，如果我们可以区别它们是否相同或者是否相似，那我们从这种事物所获取的信息就可以称之为模式。人们为了掌握客观的事物，往往会按照事物的相似程度组成类别，而模式识别的作用和目的就在于把某一个具体的事物正确的归入某一个类别。

例如：

①医生根据心电图化验单来判断病人是否得心脏病。

②警察根据指纹来进行身份验证。

③根据用户的虹膜进行身份识别。

④相机中的笑脸模式，即在检测到相机视野中的人脸露出笑容时，自动进行拍照。

⑤判断当前图片中是否有行人、人脸、车辆等。

⑥在海量图片库当中寻找与某一张图片相似的若干图片。

⑦根据用户哼唱的音调搜索对应的歌曲。

3. 智能机器人

智能机器人(图10-7)之所以叫智能机器人,这是因为它有相当发达的“大脑”。在脑中起作用的是中央处理器。最主要的是,这样的计算机可以进行按目的安排的动作。正因为这样,我们才说这种机器人才是真正的机器人,尽管它们的外表可能有所不同。

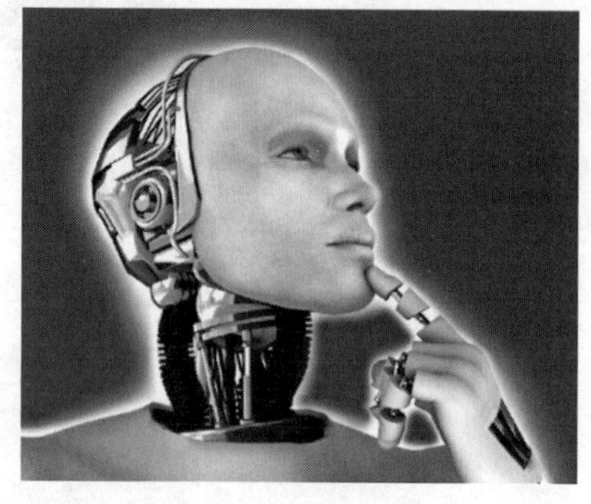

图10-7　智能机器人

智能机器人是具有感知能力、思维能力和行为能力的新一代机器人。这种机器人能够理解人类语言,用人类语言同操作者对话,能够主动适应外界环境变化,并能够通过学习丰富自己的知识,提高自己的工作能力。目前,已研制出了肢体和行为功能灵活,能根据思维机构的命令完成许多复杂操作,能回答各种复杂问题的机器人。当然,要它和我们人类思维一模一样,这是不可能办到的。

10.4.5　人工智能的分支

人工智能主要有三个分支:

1. 认知AI(Cognitive AI)

认知AI是用接近人类的思维方式,让机器有理解和推理的能力。

认知计算是最受欢迎的一个人工智能分支,负责所有感觉“像人一样”的交互。认知AI必须能够轻松处理复杂性和二义性,同时还持续不断地在数据挖掘、NLP(自然语言处理)和智能自动化的经验中学习。

认知AI混合了人工智能做出的最好决策和人类工作者们的决定,用以监督更棘手或不确定的事件。这可以帮助扩大人工智能的适用性,并生成更快、更可靠的答案。

2. 机器学习AI(Machine Learning AI)

机器学习是专门研究计算机怎样模拟或实现人类的学习行为,以获取新的知识或技能,重新组织已有的知识结构使之不断改善自身的性能,是人工智能的核心研究领域之一。

机器学习(ML)AI是能在高速公路上自动驾驶汽车的那种人工智能。它处于计算机科学的前沿,但将来有望对日常工作场所产生极大的影响。机器学习是要在大数据中寻找一些“模式”,然后在没有过多的人为解释的情况下,用这些模式来预测结果,而这些模式在普通的统计分析中是看不到的。

3. 深度学习(Deep Learning)

深度学习是机器学习研究中的一个新的领域,它模仿人脑的机制来解释数据,例如图像、声音和文本。

如果机器学习是前沿的,那么深度学习则是尖端的。它将大数据和无监督算法的分析相结合。它的应用通常围绕着庞大的未标记数据集,这些数据集需要结构化成互联的群集。深度学习的这种灵感完全来自于我们大脑中的神经网络,因此可恰当地称其为人工神经网络。

深度学习是许多现代语音和图像识别方法的基础,并且与以往提供的非学习方法相比,随着时间的推移具有更高的准确度。

10.4.6 “云物大智”

人工智能的智能从何而来?需要从大量数据的分析处理中学习得到一些结果,这就需要大数据的工具来对大量数据进行加工处理,而大量数据的分析计算处理,对于系统的计算能力和处理能力要求是非常高的,云计算正是为其提供了按需付费的弹性可扩展的大量计算资源。

通过物联网产生、收集海量的数据存储于云平台,再通过大数据分析,甚至更高形式的人工智能为人类的生产活动、生活所需提供更好的服务,这必将是第四次工业革命进化的方向。

习　　题

1. 云计算是对(　　)技术的发展与运用;

　A. 并行计算　　B. 网格计算　　C. 分布式计算　　D. 三个选项都是

2. 从研究现状上看,下面不属于云计算特点的是(　　)

　A. 超大规模　　B. 虚拟化　　C. 私有化　　D. 高可靠性

3. Amazon 公司通过(　　)计算云,可以让客户通过 WEB Service 方式租用计算机来运行自己的应用程序。

　A. s3　　B. HDFS　　C. EC2　　D. GFS

4. IBM 在 2007 年 11 月退出了“改进游戏规则”的(　　)计算平台,为客户带来即买即用的云计算平台。

　A. 蓝云　　B. 蓝天　　C. ARUZE　　D. EC2

5. 亚马逊 AWS 提供的云计算服务类型是(　　)

　A. IaaS　　B. PaaS　　C. SaaS　　D. 三个选项都是

6. 将平台作为服务的云计算服务类型是(　　)

　A. IaaS　　B. PaaS　　C. SaaS　　D. 三个选项都不是

7. 下列关于公有云和私有云描述不正确的是(　　)

　A. 公有云是云服务提供商通过自己的基础设施直接向外部用户提供服务

　B. 公有云能够以低廉的价格,提供有吸引力的服务给最终用户,创造新的业务价值

C. 私有云是为企业内部使用而构建的计算架构

D. 构建私有云比使用公有云更便宜

8. 1995 年,(　　)首次提出物联网概念。

A. 沃伦·巴菲特　B. 乔布斯　C. 保罗·艾伦　D. 比尔·盖茨

9. 首次提出物联网概念的著作是(　　)。

A.《未来之路》　B.《信息高速公路》

C.《扁平世界》　D.《天生偏执狂》

10. (　　)是物联网的基础。

A. 互联化　B. 网络化　C. 感知化　D. 智能化

11. 物联网把人类生活(　　)了,万物成了人的同类。

A. 拟人化　B. 拟物化　C. 虚拟化　D. 实体化

12. 云计算中,提供资源的网络被称为(　　)。

A. 母体　B. 导线　C. 数据池　D. 云

13. 大数据技术的基础是由哪个公司最先提出的。(　　)

A. 微软　B. 谷歌　C. 腾讯　D. IBM

14. 大数据最显著的特征是什么。(　　)

A. 数据规模大　B. 数据处理速度快

C. 数据类型多　D. 数据价值密度高

15. 大数据的发源是(　　)

A. 金融　B. 电信　C. 互联网　D. 公共管理

16. 依据不一样的业务需求来成立数据模型,抽取最有意义的向量,决定选用哪一种方法的数据剖析角色人员是(　　)

A. 数据管理人员　B. 数据剖析员

C. 研究科学家　D. 软件开发工程师

17. (　　)反应数据的精美化程度,越细化的数据,价值越高。

A. 规模　B. 活性　C. 颗粒度　D. 关系度

18. 被誉为"人工智能之父"的科学家是(　　)。

A. 明斯基　B. 图灵　C. 麦卡锡　D. 冯·诺依曼

19. Al 的英文缩写是(　　)

A. Automatic Intelligence　B. Artificial Intelligence

C. Automatic Information　D. Artificial lnformation

20. 下面不属于人工智能研究基本内容的是(　　)

A. 机器感知　B. 机器学习　C. 自动化　D. 机器思维

21. 下列哪个不是人工智能的研究领域(　　)

A. 机器证明　B. 模式识别　C. 人工生命　D. 编译原理

"十四五"高等职业教育计算机类专业规划教材

计算机导论

责任编辑：汪　敏
封面设计：一克米工作室
封面制作：曾　程

地址：北京市西城区右安门西街8号
邮编：100054
网址：http://www.tdpress.com/51eds/

更多教材推荐
扫码关注有福利

定价：33.00元